典型规则结构水中声辐射
——解析与半解析计算方法

Underwater Acoustic Radiation of Typical Regular Structures

Analytical and Semi-analytical Computational Method

邹明松　刘树晓　著

科学出版社

北　京

内 容 简 介

本书围绕圆柱壳和球壳这两类典型的规则结构，论述其水中声辐射的解析与半解析计算方法。一方面，给出了较详细的解析计算理论推导过程，使读者可以从整体上系统性地阅读与理解本书的内容，能够很便捷地重复相应的理论推导，因此本书可以作为一本参考性的工具书。另一方面，作者结合自己的研究情况重点论述了数个较新的解析与半解析理论模型以及相应的求解方法，这些理论模型有具体的研究与应用背景，可以供读者参考。

本书中将论述的解析与半解析计算方法主要包括：无限长圆柱壳声辐射计算方法、内部含铺板的无限长圆柱壳声辐射计算方法、两端简支的环向均匀加筋圆柱壳声辐射计算方法、局部敷设声学覆盖层的圆柱壳声辐射计算方法、内部含子结构的环向加筋圆柱壳声辐射计算方法、舱间充水双层球壳声辐射方法、有限水深环境中双层球壳声辐射计算方法、海洋水声波导环境中轴对称结构声辐射计算方法。

本书可作为声学、振动噪声及其控制、船舶与海洋工程、水声工程等专业的相关研究生、科研人员与工程技术人员的参考书。

图书在版编目(CIP)数据

典型规则结构水中声辐射：解析与半解析计算方法/邹明松，刘树晓著.
—北京：科学出版社，2019.12
ISBN 978-7-03-063247-0

Ⅰ.①典⋯ Ⅱ.①邹⋯ ②刘⋯ Ⅲ.①水下-结构振动-声辐射-计算方法
Ⅳ.①O327

中国版本图书馆 CIP 数据核字(2019) 第 250625 号

责任编辑：刘信力 孔晓慧 / 责任校对：张小霞
责任印制：吴兆东 / 封面设计：无极书装

科 学 出 版 社 出版
北京东黄城根北街 16 号
邮政编码：100717
http://www.sciencep.com

北京虎彩文化传播有限公司 印刷
科学出版社发行 各地新华书店经销
*
2019 年 12 月第 一 版 开本：720×1000 B5
2019 年 12 月第一次印刷 印张：10 1/2 插页：4
字数：200 000
定价：88.00 元
(如有印装质量问题，我社负责调换)

前　言

作者在 2007~2009 年期间，曾专心于规则结构声辐射解析与半解析计算方法的研究，之后又陆陆续续地做了一些这方面的工作。对于圆柱壳和球壳两类规则结构，形成了有一定系统性的研究成果，作为本书的基本材料。

众所周知，解析计算方法具有高效率、高精度及便于分析物理机理的优势，在各个领域中都有较为广泛的研究与应用。作者自 2009 年以来，致力于船舶三维声弹性理论与数值计算方法的研究，开发出用于船舶结构流固耦合振动与水中声辐射计算的专业软件 THAFTS-Acoustic。在这个过程中，深刻地体会到了规则结构解析计算模型及相应的计算程序的重要性。能够快速、精确地获得某些规则结构声辐射的解析计算结果，以此作为标准的考核算例，对于数值计算方法与软件的开发至关重要。因此，作者萌生出撰写本书的想法，将自己的这些研究成果梳理后记录下来，希望能够起到一些参考作用。关于规则结构水中声辐射解析计算方法的研究，国内外均已取得了丰硕的成果，出版过多本专著，这为本书中所述工作的开展提供了很大的帮助，书中也多处引用到了相关的研究成果，在此表示感谢。

自 2009 年以来，作者一直在导师吴有生院士的关心与教导下开展学术研究与工程应用的工作，本书的撰写与出版也离不开吴老师的指导与帮助，在此表示衷心的感谢。沈顺根研究员曾指导作者开展船舶结构声辐射解析计算方面的研究，对本书的成稿多有帮助，在此也表示衷心的感谢。中国船舶科学研究中心还有多位专家与同事，对本书中的研究工作提出过有益的建议，也衷心感谢他们的帮助。与作者同一个项目团队的刘树晓工程师负责了本书 2.5 节的撰写及全书的排版，祁立波高工和林长刚工程师参与了本书的校稿及提供了部分数值结果，蒋令闻工程师绘制了书中的部分插图及提供了部分数值计算结果，硕士生黄河参与了 5.2 节和 5.4 节的撰写并协助了全书的排版，在此表示感谢。

感谢国家重点研发计划项目（2017YFB0202700）、国家自然科学基金项目(11772304、51709241) 及江苏省自然科学基金项目 (BK20170216) 的资助。

在本书出版之际，特别感谢我的妻子叶丽雅女士，她为我操持了家庭的大部分事务，让我能有更多的时间从事自己热爱的学术科研工作，使本书能够最终成稿。

因作者水平所限，书中难免存在疏漏与不恰当之处，敬请读者不吝指正。

邹明松

2019 年 11 月

目　　录

前言
第 1 章　绪论 ··· 1
　1.1　概述 ··· 1
　1.2　规则结构声辐射解析计算相关的研究 ···················· 1
　1.3　规则结构声散射解析计算相关的研究 ···················· 3
　1.4　规则结构声辐射解析/数值混合计算相关的研究 ········ 4
　1.5　本书的主要内容 ·· 4
　参考文献 ··· 5
第 2 章　圆柱壳结构水中声辐射计算方法 ······················· 8
　2.1　概述 ··· 8
　2.2　无限长圆柱壳声辐射计算方法 ····························· 8
　　2.2.1　计及静水压的圆柱壳振动方程 ······················ 8
　　2.2.2　外激励力的波数域表示 ······························· 11
　　2.2.3　远场辐射声压求解 ····································· 11
　　2.2.4　算例及分析 ·· 14
　2.3　内部含铺板的无限长圆柱壳声辐射计算方法 ·········· 16
　　2.3.1　弹性结构与声波相互作用的互易原理 ············· 16
　　2.3.2　内部含铺板的圆柱壳结构声振耦合理论推导 ····· 16
　　2.3.3　算例考核 ··· 26
　2.4　两端简支的环向均匀加筋圆柱壳声辐射计算方法 ····· 30
　　2.4.1　动力学方程的推导 ····································· 30
　　2.4.2　加筋圆柱壳结构动态特性分析 ······················ 38
　　2.4.3　水中声辐射计算 ·· 48
　2.5　局部敷设声学覆盖层的圆柱壳声辐射计算方法 ········ 57
　　2.5.1　圆柱壳–声学覆盖层–流体系统耦合振动方程推导 ···· 57
　　2.5.2　算例分析 ··· 64
　2.6　本章小结 ·· 76
　参考文献 ·· 77
　附录 2.A　由奇数周向波数组成的矩阵方程中的元素 ········· 78
　附录 2.B　由偶数周向波数组成的矩阵方程中的元素 ········· 79

附录 2.C　加筋圆柱壳流固耦合动力学方程中的矩阵元素 ··················80
第 3 章　内部含子结构的环向加筋圆柱壳声辐射计算方法 ···············83
　3.1　概述 ···83
　3.2　船舶声弹性子结构方法的基本理论 ··························83
　　　3.2.1　主船体结构的动力学方程 ·······························84
　　　3.2.2　内部子结构自由度动态缩聚 ··························· 85
　　　3.2.3　主船体与内部子结构的耦合集成 ·····················86
　3.3　解析/数值混合声弹性子结构方法的基本理论 ············87
　　　3.3.1　主船体结构的动力学方程 ·······························87
　　　3.3.2　主船体与内部子结构的耦合集成 ·····················89
　　　3.3.3　水中声辐射计算 ···92
　3.4　算例验证 ···92
　3.5　试验验证 ···96
　3.6　本章小结 ···97
　参考文献 ···97
　附录 3　加筋圆柱壳流固耦合动力学方程中的矩阵元素 ···············98
第 4 章　球壳结构水中声辐射计算方法 ·······························102
　4.1　概述 ··102
　4.2　舱间充水双层弹性球壳声辐射计算方法 ··················102
　　　4.2.1　双层弹性薄球壳结构声辐射的解析解 ··············102
　　　4.2.2　计算分析 ···108
　4.3　有限水深环境中双层弹性球壳声辐射计算方法 ··········113
　　　4.3.1　有限水深环境中外球壳与外流场的耦合作用 ·······113
　　　4.3.2　水中声辐射计算 ··117
　　　4.3.3　计算方法和计算程序考核 ····························117
　　　4.3.4　有限水深环境中双层弹性球壳声辐射计算分析 ·····119
　4.4　本章小结 ···124
　参考文献 ···125
第 5 章　海洋水声信道环境中轴对称结构声辐射计算方法 ···········126
　5.1　概述 ··126
　5.2　刚性平动球体声辐射计算方法 ····························126
　　　5.2.1　近区和远区 Green 函数的计算处理 ·················126
　　　5.2.2　声辐射计算 ···131
　　　5.2.3　算例考核 ···132
　5.3　双层弹性球壳声辐射计算方法 ····························135

5.3.1 计算方法和计算程序考核 ···135
5.3.2 海洋水声信道环境中双层弹性球壳声辐射计算分析 ············138

5.4 任意轴对称结构声辐射计算方法 ·····························140
5.4.1 结构动力学方程 ··141
5.4.2 流固耦合与声辐射计算 ···142
5.4.3 算例考核 ··146

5.5 本章小结 ···157

参考文献 ···158

彩图

第1章 绪 论

1.1 概 述

关于弹性结构的水中振动、声辐射与声散射问题,因其具有较重要的工程应用背景,长期以来是力学领域和声学领域的常规研究内容之一。声辐射问题主要是研究弹性结构受激振动向水中辐射声波,声波在水域环境中的传播现象。声散射问题主要是研究主动声波作用到结构上引起散射声波,散射声波在水域中传播的现象。这两类问题本质上也属于流固耦合动力学的研究范畴,可以称为声弹性力学问题。解析计算方法与解析/数值混合计算方法 (也称为半解析计算方法),较早地被应用于这两类问题的研究中,发挥了重要作用。采用解析方法研究规则结构的水中声辐射与声散射问题发展于 20 世纪 50 年代,主要涉及平板、加筋平板、球壳、圆柱壳、加筋单双层圆柱壳等多类结构形式,相关研究由简到繁逐步发展。由于解析方法计算效率高、物理概念清晰,便于揭示基本规律和机理,解析计算结果又可用作各类数值算法的考核基准,半个世纪以来解析方法受到了国内外的关注,出现了大量论文著作。在此基础上发展的各类解析/数值混合方法,进一步扩展了解析方法的应用范围,为传统的解析方法注入了新的活力,目前依然吸引着人们从事这方面的研究,并不断取得创新性的成果。

规则结构水中声辐射与声散射问题的计算研究是较为相似的,两者之间也是相互促进的。为使读者有一个基本的了解,本章对这两类问题均作一并不全面的、较简单的综述。

1.2 规则结构声辐射解析计算相关的研究

Junger 和 Feit[1] 论述了多种规则弹性结构 (包括无限大平板、矩形平板、薄球壳、无限长圆柱壳、两端简支圆柱壳、两端自由圆柱壳) 在均匀声介质中的耦合振动和声辐射问题,并借助解析计算系统分析了相应的基本规律和物理机理。Skelton和 James[2] 计算了单方向双周期加筋无限大平板的流固耦合振动及声辐射,并与无限大光板的声辐射进行比对,分析了加筋的影响;还推导了无限大正交加筋平板、带有点接触附连物 (如集中质量、弹簧、质量–弹簧) 的平板、多层球壳、多层平板、多层圆筒等模型的流固耦合振动与声辐射的解析解。Fahy 和 Gardonio[3] 对梁和平板弯曲波的频散现象进行了分析,说明了吻合频率的概念;在波数域内对矩形平板振动形态进行分解，从声辐射角度说明了平板振动模态中边模态和角模态的物理意义；并针对圆柱壳体，详细分析了其振动形态、各阶模态声阻抗及对应的声辐射特征。何祚镛[4] 论述了包括柔软弦、薄板、带周期栅的膜、周期支撑固定的薄板、周期加筋薄板、球壳、圆柱壳与加肋圆柱壳在内的规则结构流固耦合振动和声辐射的解析计算模型。该专著中很多资料来源于 20 世纪 80 年代何祚镛教授的授课讲义，反映了当时国内的研究成果。

在规则结构声辐射研究领域，从用于机理分析的简单规则结构，到反映潜艇结构主要特征的复杂圆柱壳结构，先后发展了多种分析方法。Burroughs[5] 利用环形肋骨的空间周期性，结合泊松求和公式，建立了双周期环向加肋无限长圆柱壳的声辐射模型。陈越澎[6] 建立了环形实肋板连接有限长双层圆柱壳的振动和声辐射解析计算方法。汤渭霖和何兵蓉[7] 利用两端简支圆柱光壳的干模态振型函数作为基函数，只考虑环肋骨的径向反作用力，计算了水中两端简支加肋圆柱壳的振动和声辐射。吴文伟等[8] 在 Burroughs[5] 研究成果的基础上，进一步建立了环形实肋板连接的无限长双层加肋圆柱壳受点机械力激励的声辐射解析模型，并采用稳相法开展了远场辐射噪声的计算分析。

刘涛[9] 建立了实肋板连接有限长双层圆柱壳的振动和声辐射解析计算模型。通过算例分析指出：低频范围内壳间环形水层的耦合作用是主要的，高频范围内实肋板的耦合作用居主要地位。陈美霞等[10] 研究了流场中有限长加筋双层圆柱壳受径向点激励的振动和声辐射性能。曾革委[11] 建立了一个无限长双层圆柱壳受径向集中力激励的辐射噪声解析计算模型，考虑了环肋、舱壁和实肋板对内外圆柱壳的径向反作用力，通过算例研究了实肋板和舱间水对内外壳间振动传递和水下辐射噪声的影响。计算结果表明：在 1kHz 以内，实肋板和舱间水都是重要的声传递通道。姚熊亮等[12] 研究了不同壳间连接介质的加筋双层圆柱壳的振动声辐射特性，通过内壳受径向激励力的算例分析得出结论：实肋板和舱间水都是重要的声传递通道，水层的耦合作用随频率的增高而减弱，实肋板的耦合作用随频率的增高而增强。

为进一步准确模拟工程对象 (如水下航行器) 的结构特点，国内外学者进一步采用解析方法研究了内部包含子结构的圆柱壳体声辐射问题。Bjarnason 等[13]、Choi 等[14] 采用拉格朗日运动方程建立了两端为半球壳、内部含圆形舱壁板的圆柱壳的流固耦合振动和声辐射计算模型，并进行了求解。Guo[15] 建立了内部有轴向弹性平板的无限长圆柱壳声弹性模型，计算了简谐激励力作用在弹性平板上时的辐射噪声。骆东平等[16] 开展了具有内部浮动甲板的环肋圆柱壳结构在流体中振动、声辐射特性的研究，采用四自由度弹簧技术模拟圆柱壳体和浮动甲板之间的弹性连接。陈海坤等[17] 建立了流场中带压载及舱壁的有限长环肋圆柱壳在径向集中力激励下的振动和声辐射解析计算模型，将舱壁等价为施加在柱壳上的线力，压载作为附加质量平摊到壳板上, 通过算例分析得出结论: 舱壁对声辐射的影响可忽略不计, 频率较高时压载可发挥有效的减振降噪作用。

为降低舰船壳板的振动和声辐射, 通常在船体上粘贴阻尼材料或声学覆盖层。Maidanik 和 Biancardi[18] 研究了在一个无限大平板表面粘贴柔性层或者在平板上方设置气–液混合层两种附加去耦层方案对平板声辐射的抑制效果。Laulagnet 和 Guyader[19] 将声学覆盖层等效为一个复刚度参数, 建立了敷设声学覆盖层的有限长圆柱壳的辐射声功率计算方法。Laulagnet 和 Guyader[20] 基于描述柔性层运动的 Navier 方程, 进一步建立了声学覆盖层的三维计算模型及其渐近展开求解方法。国内也有多位学者将 Navier 方程用于求解敷设声学覆盖层的圆柱壳声辐射问题 [21,22]。Laulagnet 和 Guyader[23] 建立了沿周向部分敷设声学覆盖层的有限长弹性圆柱壳水下声辐射解析计算模型, 采用弹簧模型近似处理声学覆盖层的耦合作用。他们通过计算结果发现, 在某些特定频率范围内, 部分敷设声学覆盖层的圆柱壳的声辐射反而高于光壳的情况。殷学文[24] 采用多层均匀分布厚壁圆柱筒体模型模拟声学覆盖层, 利用声学覆盖层的声阻抗建立了 "圆柱壳–声学覆盖层–水介质" 耦合的声振模型, 并结合稳相法计算了敷设消声瓦的双层加肋圆柱壳的水下辐射噪声。白振国和俞孟萨 [25] 建立了双层圆柱壳内壳的外表面和外壳的内外表面敷设声学覆盖层的声辐射计算模型, 计算分析了不同声学覆盖层的降噪效果。邹明松 [26] 建立了敷设声学覆盖层的双层加筋圆柱壳的水下声辐射计算模型, 分析了不同静水压下声学覆盖层的降噪效果。此外, 针对复合材料结构声辐射问题, 有的学者还开展了无限大双周期加筋叠层复合平板与无限长加筋叠层复合圆柱壳的声辐射问题的研究 [27,28]。

1.3 规则结构声散射解析计算相关的研究

基于解析解的规则弹性结构声散射问题与声辐射问题几乎有着相同的研究历史、类似的研究对象及丰富的成果, 下面仅给出若干例子。

早在 20 世纪 50 年代, James 和 Faran[29] 就研究了均质圆柱和球体的声散射问题, 同时考虑了弹性体内的压缩波和剪切波; Junger[30] 则研究了无限大理想声介质中弹性圆柱壳和弹性球壳的声散射问题。Junger 和 Feit[1] 在其专著中论述了无限大弹性平板的声反射, 弹性球壳和弹性圆柱壳的声散射问题。Skelton 和 James[2] 的专著论述了多层平板、多层球壳和多层圆柱的声反射和声散射问题。我国的刘国利和汤渭霖[31] 采用解析方法推导了平面声波斜入射时水中无限长圆柱壳体纯弹性共振散射函数的简明表达式; 汤渭霖和范军 [32] 采用解析方法研究了水中双层同心弹性柱壳的声散射; 范军等 [33] 采用弹性薄壳理论和 Fourier 变换方法导出了水下双层无限长圆柱壳的散射声场的解析解; 郑国垠等 [34,35] 开展了充水有限长圆柱薄壳声散射的理论分析与实验验证。

1.4 规则结构声辐射解析/数值混合计算相关的研究

规则结构声辐射的解析/数值混合方法 (半解析方法) 继承了解析方法高效率与高精度的优点, 同时扩展了单纯解析方法的应用范围, 解决了单纯解析方法无法解决的问题。人们在这方面也开展了一系列的研究。

Stepanishen 和 Chen[36] 提出了一种内部单极子源强方法, 用于计算旋转壳体的轴对称流固耦合振动、声辐射与声散射问题。该方法是在旋转壳体内部的轴线上布置单极子点源, 针对球壳采用解析方法求解其干模态, 针对一般的旋转壳体采用有限元方法求解其干模态。刘涛等 [37] 提出了一种计算内部有支座结构的有限长圆柱壳体声辐射的解析/数值混合方法。该方法采用有限元方法处理内部支座结构, 计算出支座到壳体的动力传递, 将力引入壳体振动方程, 再采用解析方法计算壳体结构水下辐射噪声, 结合解析解与数值解的优点, 对减少计算量、扩展用于中频段计算有一定帮助。姚熊亮等 [38] 采用类似的解析/数值混合方法求解了内部含基座的加筋双层壳的振动声辐射问题。Maxit 和 Ginoux[39] 提出了一种可以实现半解析计算的圆周导纳 (CAA) 方法, 可以实现非周期加筋圆柱壳水中声辐射的高效率、宽频段求解。他们通过导纳的计算, 实现内部加强筋与圆柱壳的耦合集成。周海安等 [40] 采用有限元与空间波数法相结合的解析/数值混合方法研究了表面粘贴周期加强块的无限大平板的振动响应和声辐射问题。

由于解析/数值混合方法有其特有的优势, 其内容在不断扩展, 已经被应用于解决较为复杂的结构流固耦合振动与声辐射问题。Qu 等 [41] 提出了一种半解析计算方法, 用于求解具有纵向和环向加强筋的球–柱–球组合结构的振动与声辐射问题。他们通过一种修改的变分方法构建结构的动力学方程, 再采用谱 Kirchhoff-Helmholtz 积分方法实现外流场与弹性结构的声振耦合求解。Wang 和 Guo[42] 将求解真空中结构振动的精确传递矩阵方法 (PTMM) 与实现流体耦合作用的波叠加法 (WSM) 相结合, 提出了一种用于求解加筋组合壳结构流固耦合振动的解析/数值混合方法。

1.5 本书的主要内容

本书将围绕圆柱壳和球壳这两类典型的规则结构, 论述其水中声辐射的解析与半解析计算方法。一方面, 给出了较详细的解析计算理论推导过程, 使读者可以从整体上系统性地阅读与理解本书的内容, 能够很便捷地重复相应的理论推导, 因此本书可以作为一本参考性的工具书。另一方面, 结合作者自己的研究情况重点论述了数个较新的解析与半解析理论模型及相应的求解方法，这些理论模型有具体的研究与应用背景，可以供读者参考。

本书中将论述的解析与半解析计算方法主要包括：无限长圆柱壳声辐射计算方法、内部含铺板的无限长圆柱壳声辐射计算方法、两端简支的环向均匀加筋圆柱壳声辐射计算方法、局部敷设声学覆盖层的圆柱壳声辐射计算方法、内部含子结构的环向加筋圆柱壳声辐射计算方法、舷间充水双层弹性球壳声辐射计算方法、有限水深环境中双层弹性球壳声辐射计算方法、海洋水声信道环境中轴对称结构声辐射计算方法。

本书涉及的内容实际上是规则结构声辐射问题中的一小部分，希望通过这些内容吸引更多的学者关注规则结构声辐射解析与半解析计算方法的研究。

参 考 文 献

[1] Junger M C, Feit D. Sound, Structures, and Their Interaction [M]. 2nd ed. Cambridge, Massachusetts: The MIT Press, 1986.

[2] Skelton E A, James J H. Theoretical Acoustics of Underwater Structures[M]. London: Imperial College Press, 1997.

[3] Fahy F, Gardonio P. Sound and Structural Vibration—Radiation, Transmission and Response [M]. 2nd ed. Oxford: Academic Press in an imprint of Elsevier, 2007.

[4] 何祚镛. 结构振动与声辐射 [M]. 哈尔滨: 哈尔滨工程大学出版社, 2001.

[5] Burroughs C B. Acoustics radiation from fluid loaded infinite circular cylinders with doubly periodic ring supports[J]. J. Acoust. Soc. Am., 1984, 75(3): 715-722.

[6] 陈越澎. 加筋柱壳的声学设计方法研究 [D]. 华中理工大学博士学位论文, 1999.

[7] 汤渭霖, 何兵蓉. 水中有限长加肋圆柱壳体振动和声辐射近似解析解 [J]. 声学学报, 2001, 26(1): 1-5.

[8] 吴文伟, 吴崇健, 沈顺根. 双层加肋圆柱壳振动和声辐射研究 [J]. 船舶力学, 2002, 6(1): 44-51.

[9] 刘涛. 水中复杂壳体的声–振特性研究 [D]. 上海交通大学博士学位论文, 2002.

[10] 陈美霞, 骆东平, 陈小宁, 等. 有限长双层壳体声辐射理论及数值分析 [J]. 中国造船, 2003, 44(4): 59-67.

[11] 曾革委. 无限长双层加肋圆柱壳水下声辐射解析计算 [J]. 振动工程学报, 2004, 17(S): 1010-1013.

[12] 姚熊亮, 计方, 钱德进, 等. 壳间连接介质对双层壳声辐射性能的影响 [J]. 声学技术, 2009, 28(3): 312-317.

[13] Bjarnason J, Igusa T, Choi S H, et al. The effect of substructures on the acoustic radiation from axisymmetric shells of finite length[J]. J. Acoust. Soc. Am., 1994, 96(1): 246-255.

[14] Choi S H, Igusa T, Achenbach J D. Nonaxisymmetric vibration and acoustic radiation of submerged cylindrical shell of finite length containing internal substructures[J]. J. Acoust. Soc. Am., 1995, 98(1): 353-362.

[15] Guo Y P. Acoustic radiation from cylindrical shells due to internal forcing[J]. J. Acoust. Soc. Am., 1996, 99(3): 1495-1505.

[16] 骆东平, 肖邵予, 曹钢, 等. 甲板刚度和垂向位置对环肋圆柱壳声辐射性能的影响 [J]. 哈尔滨工程大学学报, 2004, 25(5): 605-609.

[17] 陈海坤, 陈美霞, 和卫平, 等. 舱壁及压载对流场中有限长圆柱壳声辐射影响 [J]. 舰船科学技术, 2010, 32(11): 21-25.

[18] Maidanik G, Biancardi R. Use decoupling to reduce the radiated noise generated by panels[J]. Journal of Sound and Vibration, 1982, 81(2): 165-185.

[19] Laulagnet B, Guyader J L. Sound radiation from a finite cylindrical shell covered with a compliant layer[J]. Journal of Vibration and Acoustics, 1991, 113: 267-272.

[20] Laulagnet B, Guyader J L. Sound radiation from finite cylindrical coated shells by means of asymptotic expansion of three-dimension equation for coating[J]. J. Acoust. Soc. Am., 1994, 96(1): 277-286.

[21] 彭旭. 敷设阻尼层潜艇舱段结构声辐射性能分析 [D]. 华中科技大学硕士学位论文, 2004.

[22] 田宝晶. 敷设阻尼层的加肋圆柱壳辐射性能及噪声特性分析 [D]. 哈尔滨工程大学博士学位论文, 2006.

[23] Laulagnet B, Guyader J L. Sound radiation from finite cylindrical shells, partially covered with longitudinal strips of compliant layer[J]. Journal of Sound and Vibration, 1995, 186(5): 723-742.

[24] 殷学文. 敷设消声瓦的双层加肋圆柱壳结构的振动和声辐射研究 [D]. 中国船舶科学研究中心硕士学位论文, 2001.

[25] 白振国, 俞孟萨. 多层声学覆盖层复合的有限长弹性圆柱壳声辐射特性研究 [J]. 船舶力学, 2007, 11(5): 788-797.

[26] 邹明松. 敷设声学覆盖层的双层加筋圆柱壳结构声辐射建模及声特性研究 [R]. 中国船舶科学研究中心技术报告, 2012.

[27] Yin X W, Gu X J, Cui H F, et al. Acoustic radiation from a laminated composite plate reinforced by doubly periodic parallel stiffeners[J]. Journal of Sound and Vibration, 2007, 306: 877-889.

[28] Cao X T, Hua H X, Ma C. Acoustic radiation from shear deformable stiffened laminated cylindrical shells[J]. Journal of Sound and Vibration, 2012, 331: 651-670.

[29] James J, Faran J R. Sound scattering by solid cylinders and spheres[J]. J. Acoust. Soc. Am., 1951, 23(4): 405-418.

[30] Junger M C. Sound scattering by thin elastic shells[J]. J. Acoust. Soc. Am., 1952, 24(4): 366-373.

[31] 刘国利, 汤渭霖. 平面声波斜入射到水中无限圆柱的纯弹性共振散射 [J]. 声学学报, 1996, 21(5): 506-516.

[32] 汤渭霖, 范军. 水中双层弹性球壳的回声特性 [J]. 声学学报, 1999, 24(2): 174-182.

[33] 范军, 刘涛, 汤渭霖. 水中双层无限长圆柱壳体声散射 [J]. 声学学报, 2003, 28(4): 345-350.

[34] 郑国垠, 范军, 汤渭霖. 充水有限长圆柱薄壳声散射: Ⅰ. 理论 [J]. 声学学报, 2009, 34(6): 490-497.

[35] 郑国垠, 范军, 汤渭霖. 充水有限长圆柱薄壳声散射: Ⅱ. 实验 [J]. 声学学报, 2010, 35(1): 31-37.

[36] Stepanishen P R, Chen H W. Acoustic harmonic radiation and scattering from shells of revolution using finite element and internal source density methods[J]. J. Acoust. Soc. Am., 1992, 92(6): 3343-3357.

[37] 刘涛, 汤渭霖, 何世平. 数值/解析混合方法计算含复杂结构的有限长圆柱壳体声辐射 [J]. 船舶力学, 2003, 7(4): 99-104.

[38] 姚熊亮, 钱德进, 张爱国, 等. 内部含基座的加筋双层壳振动与声辐射计算 [J]. 中国舰船研究, 2008, 3(1): 31-36.

[39] Maxit L, Ginoux J M. Prediction of the vibro-acoustic behavior of a submerged shell non periodically stiffened by internal frames[J]. J. Acoust. Soc. Am., 2010, 128(1): 137-151.

[40] 周海安, 王晓明, 梅玉林. 流固耦合的周期加强板的振动及声辐射研究 [J]. 力学学报, 2012, 44(2): 287-296.

[41] Qu Y G, Hua H X, Meng G. Vibro-acoustic analysis of coupled spherical-cylindrical-spherical shells stiffened by ring and stringer reinforcements[J]. Journal of Sound and Vibration, 2015, 355: 345-359.

[42] Wang X Z, Guo W W. Dynamic modeling and vibration characteristics analysis of submerged stiffened combined shells[J]. Ocean Engineering, 2016, 127: 226-235.

第2章　圆柱壳结构水中声辐射计算方法

2.1　概　　述

圆柱壳是水下航行器的典型主体结构，因此国内外关于圆柱壳结构流固耦合振动与声辐射的计算研究非常广泛。本章从无限长圆柱壳和两端简支的环向均匀加筋圆柱壳这两种经典的计算模型出发，论述了基本的圆柱壳结构水中声辐射解析计算方法。

在实际工程中，圆柱壳上会焊接环向加强筋、铺板、横向舱壁和基座等结构，圆柱壳表面还会敷设声学覆盖层，因此涉及圆柱壳的计算模型也是多种多样。对于在铺板上安装机械设备的情况，机械激励会引起铺板振动，振动通过铺板传递到圆柱壳上，将引起相应的水下声辐射。针对该问题，本章提出了一种基于互易原理的内部含铺板圆柱壳结构水下声辐射解析计算方法。该方法的核心在于通过互易原理将声辐射问题转化为声散射问题；在此基础上，再将铺板–圆柱壳三维组合结构的声振耦合问题，简化成一个等效的二维平面问题，然后直接采用解析能量法实现该组合结构的声振耦合求解。同时，本章还推导了局部敷设声学覆盖层的有限长圆柱壳声辐射解析计算方法，分析了声学覆盖层的不同参数选取及不同面积敷设比例对圆柱壳水中声辐射的影响。该方法可以为相应的数值计算方法的研究与发展提供标准的考核计算结果。

2.2　无限长圆柱壳声辐射计算方法

2.2.1　计及静水压的圆柱壳振动方程

采用 Donnell 模型描述圆柱壳的振动，建立如图 2.1 所示的柱坐标系。在结构静力学问题中，圆柱壳半径比圆柱壳厚度大 20 倍以上时，Donnell 模型具有足够的精度 [1]；在结构动力学问题中，当计算频率不是特别高时，一般在工程上关心的频率范围内，该结论依然成立。

圆柱壳浸没在无界水域中，受法向简谐力作用，该激励力为 $F(x,\theta,t) = F(x,\theta)\mathrm{e}^{-\mathrm{i}\omega t}$，其中 $\mathrm{i} = \sqrt{-1}$，t 为时间，ω 为角频率。在频域内进行分析，略去简谐时间因子 $\mathrm{e}^{-\mathrm{i}\omega t}$，可得到圆柱壳的振动方程为 [2]

$$\begin{cases} \dfrac{\partial^2 u}{\partial x^2} + \dfrac{1-\sigma}{2R^2}\dfrac{\partial^2 u}{\partial \theta^2} + \dfrac{1+\sigma}{2R}\dfrac{\partial^2 v}{\partial x \partial \theta} + \dfrac{\sigma}{R}\dfrac{\partial w}{\partial x} + k_p^2 u = 0 \\[2mm] \dfrac{1+\sigma}{2R}\dfrac{\partial^2 u}{\partial x \partial \theta} + \dfrac{1}{R^2}\dfrac{\partial^2 v}{\partial \theta^2} + \dfrac{1-\sigma}{2}\dfrac{\partial^2 v}{\partial x^2} + \dfrac{1}{R^2}\dfrac{\partial w}{\partial \theta} + k_p^2 v = 0 \\[2mm] \dfrac{\sigma}{R}\dfrac{\partial u}{\partial x} + \dfrac{1}{R^2}\dfrac{\partial v}{\partial \theta} + \dfrac{w}{R^2} + \dfrac{h^2}{12}\nabla^4 w - k_p^2 w = \dfrac{1}{\rho_s h c_p^2}[F(x,\theta) - p(x,\theta)] \end{cases} \quad (2.1)$$

式中，R 和 h 分别是圆柱壳的半径和厚度，x 和 θ 分别是圆柱坐标系的轴向坐标和周向坐标，u、v 和 w 分别表示圆柱壳轴向、周向和法向的位移分量，E、σ 和 ρ_s 分别是圆柱壳材料的杨氏模量、泊松比和体密度，$k_p = \omega/c_p$ 和 $c_p = \sqrt{E/[\rho_s(1-\sigma^2)]}$ 分别是纵波波数和波速，$p(x,\theta)$ 是流体作用在圆柱壳外表面的声压，微分算子 $\nabla^4 = \left(\dfrac{\partial^2}{\partial x^2} + \dfrac{1}{R^2}\dfrac{\partial^2}{\partial^2\theta}\right)^2$。

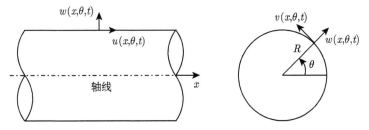

图 2.1　圆柱壳振动分析坐标系

由于静水压的作用，圆柱壳内存在初始薄膜力，这里我们认为圆柱壳内沿轴向的初始薄膜力 N_x^0 及沿周向的初始薄膜力 N_θ^0 是均匀分布的，则基于 Donnell 模型的弹性圆柱壳振动方程变为 [2]

$$\begin{cases} \dfrac{\partial^2 u}{\partial x^2} + \dfrac{1-\sigma}{2R^2}\dfrac{\partial^2 u}{\partial \theta^2} + \dfrac{1+\sigma}{2R}\dfrac{\partial^2 v}{\partial x \partial \theta} + \dfrac{\sigma}{R}\dfrac{\partial w}{\partial x} + k_p^2 u = 0 \\[2mm] \dfrac{1+\sigma}{2R}\dfrac{\partial^2 u}{\partial x \partial \theta} + \dfrac{1}{R^2}\dfrac{\partial^2 v}{\partial \theta^2} + \dfrac{1-\sigma}{2}\dfrac{\partial^2 v}{\partial x^2} + \dfrac{1}{R^2}\dfrac{\partial w}{\partial \theta} + k_p^2 v = 0 \\[2mm] \dfrac{\sigma}{R}\dfrac{\partial u}{\partial x} + \dfrac{1}{R^2}\dfrac{\partial v}{\partial \theta} + \dfrac{w}{R^2} + \dfrac{h^2}{12}\nabla^4 w - \dfrac{1}{\rho_s h c_p^2}\left(N_x^0\dfrac{\partial^2 w}{\partial x^2} + N_\theta^0\dfrac{\partial^2 w}{R^2\partial\theta^2}\right) - k_p^2 w \\[2mm] = \dfrac{1}{\rho_s h c_p^2}[F(x,\theta) - p(x,\theta)] \end{cases} \quad (2.2)$$

可以想象，在一个两端封闭的圆柱壳表面存在均匀的静水压强 p_0，则壳体内部薄膜力可近似认为是均匀分布的，且为

$$\begin{cases} N_x^0 = -\dfrac{\pi R^2 p_0}{2\pi R h}h = -\dfrac{R p_0}{2} \\[2mm] N_\theta^0 = -\dfrac{2R p_0}{2h}h = -R p_0 \end{cases} \quad (2.3)$$

定义如下 Fourier 变换关系:

$$
\begin{cases}
\tilde{f}(k,\theta) = \displaystyle\int_{-\infty}^{\infty} f(x,\theta)\mathrm{e}^{-\mathrm{i}kx}\mathrm{d}x \\[2mm]
f(x,\theta) = \dfrac{1}{2\pi} \displaystyle\int_{-\infty}^{\infty} \tilde{f}(k,\theta)\mathrm{e}^{\mathrm{i}kx}\mathrm{d}k
\end{cases}
\tag{2.4}
$$

将 (2.2) 式中的各变量都按照 (2.4) 式作 Fourier 变换, 可得

$$
\begin{cases}
(\Omega^2 - \alpha^2)\tilde{u} + \dfrac{1-\sigma}{2}\dfrac{\partial^2 \tilde{u}}{\partial\theta^2} + \mathrm{i}\alpha\left(\dfrac{1+\sigma}{2}\right)\dfrac{\partial\tilde{v}}{\partial\theta} + \mathrm{i}\alpha\sigma\tilde{w} = 0 \\[3mm]
\mathrm{i}\alpha\left(\dfrac{1+\sigma}{2}\right)\dfrac{\partial\tilde{u}}{\partial\theta} + \left(\Omega^2 - \alpha^2\dfrac{1-\sigma}{2}\right)\tilde{v} + \dfrac{\partial^2\tilde{v}}{\partial\theta^2} + \dfrac{\partial\tilde{w}}{\partial\theta} = 0 \\[3mm]
\mathrm{i}\alpha\sigma\tilde{u} + \dfrac{\partial\tilde{v}}{\partial\theta} + (1-\Omega^2)\tilde{w} + \dfrac{h^2}{12R^2}\left(\dfrac{\partial^2}{\partial\theta^2} - \alpha^2\right)^2\tilde{w} \\[3mm]
\quad - \dfrac{1}{\rho_s h c_p^2}\left(-N_x^0\alpha^2\tilde{w} + N_\theta^0\dfrac{\partial^2\tilde{w}}{\partial\theta^2}\right) = \dfrac{R^2}{\rho_s h c_p^2}[\tilde{F}(k,\theta) - \tilde{p}(k,\theta)]
\end{cases}
\tag{2.5}
$$

其中, $\alpha = kR$, $\Omega = Rk_p = R\omega/c_p$。

同时将各变量沿周向用 Fourier 级数展开:

$$
\begin{cases}
\tilde{u}(k,\theta) = \displaystyle\sum_{n=-\infty}^{\infty} \tilde{u}_n(k)\mathrm{e}^{\mathrm{i}n\theta} \\[3mm]
\tilde{v}(k,\theta) = \displaystyle\sum_{n=-\infty}^{\infty} \tilde{v}_n(k)\mathrm{e}^{\mathrm{i}n\theta} \\[3mm]
\tilde{w}(k,\theta) = \displaystyle\sum_{n=-\infty}^{\infty} \tilde{w}_n(k)\mathrm{e}^{\mathrm{i}n\theta} \\[3mm]
\tilde{F}(k,\theta) = \displaystyle\sum_{n=-\infty}^{\infty} \tilde{F}_n(k)\mathrm{e}^{\mathrm{i}n\theta} \\[3mm]
\tilde{p}(k,\theta) = \displaystyle\sum_{n=-\infty}^{\infty} \tilde{p}_n(k)\mathrm{e}^{\mathrm{i}n\theta}
\end{cases}
\tag{2.6}
$$

将 (2.6) 式代入 (2.5) 式可得

$$
\begin{cases}
\left(\Omega^2 - \alpha^2 - \dfrac{1-\sigma}{2}n^2\right)\tilde{u}_n - \alpha\dfrac{1+\sigma}{2}n\tilde{v}_n + \mathrm{i}\alpha\sigma\tilde{w}_n = 0 \\[3mm]
-\alpha\left(\dfrac{1+\sigma}{2}\right)n\tilde{u}_n + \left(\Omega^2 - \alpha^2\dfrac{1-\sigma}{2} - n^2\right)\tilde{v}_n + \mathrm{i}n\tilde{w}_n = 0 \\[3mm]
\mathrm{i}\alpha\sigma\tilde{u}_n + \mathrm{i}n\tilde{v}_n + \left[1 - \Omega^2 + \dfrac{h^2}{12R^2}(n^2+\alpha^2)^2 + \dfrac{N_x^0\alpha^2 + N_\theta^0 n^2}{\rho_s h c_p^2}\right]\tilde{w}_n = \dfrac{R^2}{\rho_s h c_p^2}[\tilde{F}_n - \tilde{p}_n]
\end{cases}
\tag{2.7}
$$

(2.7) 式说明，通过 Fourier 变换得到了一组关于周向波数 n 解耦的无限长弹性圆柱壳的振动方程。通过 (2.7) 式可进一步推出

$$\tilde{Z}_n^{(s)}(k)[-i\omega\tilde{w}_n(k)] = \tilde{F}_n - \tilde{p}_n \tag{2.8}$$

式中，$\tilde{Z}_n^{(s)}(k)$ 是波数域内的机械阻抗。其计算公式为

$$\tilde{Z}_n^{(s)}(k) = \frac{i\rho_s h c_p^2}{\omega R^2}\left\{-\Omega^2 + \frac{h^2}{12R^2}(n^2 + \alpha^2)^2 + \frac{N_x^0\alpha^2 + N_\theta^0 n^2}{\rho_s h c_p^2}\right.$$
$$\left. + \frac{\alpha^2(1-\sigma^2)\left[\frac{1}{2}(1-\sigma)\alpha^2 - \Omega^2\right] - \Omega^2\left[\frac{1}{2}(1-\sigma)(\alpha^2+n^2) - \Omega^2\right]}{\left[\frac{1}{2}(1-\sigma)(\alpha^2+n^2) - \Omega^2\right](\alpha^2 + n^2 - \Omega^2)}\right\} \tag{2.9}$$

2.2.2 外激励力的波数域表示

本研究中，假定圆柱壳所受的法向激励力为作用在点 (x_0, θ_0) 的集中力，可以表示成如下级数的形式：

$$F(x, \theta) = F_A \delta(x - x_0)\sum_{n=-\infty}^{\infty}\delta\{R[\theta - (\theta_0 + 2\pi n)]\} \tag{2.10}$$

式中，F_A 为激励力幅值，$\delta(\ )$ 是 Dirac 函数。对 (2.10) 式关于 x 作 Fourier 变换得

$$\tilde{F}(k, \theta) = F_A e^{-ikx_0}\sum_{n=-\infty}^{\infty}\delta\{R[\theta - (\theta_0 + 2\pi n)]\} \tag{2.11}$$

运用泊松求和公式 [3]，(2.11) 式可进一步化为

$$\tilde{F}(k, \theta) = \frac{F_A e^{-ikx_0}}{2\pi R}\sum_{n=-\infty}^{\infty}e^{in(\theta - \theta_0)} \tag{2.12}$$

由 (2.12) 式可见 (2.8) 式中的 $\tilde{F}_n$ 为

$$\tilde{F}_n = \frac{F_A}{2\pi R}e^{-i(kx_0 + n\theta_0)} \tag{2.13}$$

2.2.3 远场辐射声压求解

理想可压流体中的小振幅波满足 Helmholtz 方程 [4]：

$$\nabla^2 p + k_0^2 p = 0 \tag{2.14}$$

式中，p 为流体中的声压，$k_0 = \omega/c_0$ 为流体中的声波波数，c_0 为流体中的声速，在柱坐标系中 $\nabla^2 = \dfrac{1}{r^2}\dfrac{\partial^2}{\partial \theta^2} + \dfrac{1}{r}\dfrac{\partial}{\partial r}\left(r\dfrac{\partial}{\partial r}\right) + \dfrac{\partial^2}{\partial x^2}$。

在流体与圆柱壳的交界面，需满足连续性的边界条件 [4,5]：

$$\left.\frac{\partial p}{\partial r}\right|_{r=R} = \rho_0 \omega^2 w \tag{2.15}$$

式中，ρ_0 为流体密度。

无穷远处声波满足 Sommerfeld 辐射条件 [4]：

$$\lim_{r \to \infty} r\left(\frac{\partial p}{\partial r} - \mathrm{i}k_0 p\right) = 0 \tag{2.16}$$

对 (2.14) 式关于 x 作 Fourier 变换得

$$\left[\frac{1}{r^2}\frac{\partial^2}{\partial \theta^2} + \frac{1}{r}\frac{\partial}{\partial r}\left(r\frac{\partial}{\partial r}\right) + (k_0^2 - k^2)\right]\tilde{p} = 0 \tag{2.17}$$

结合 Sommerfeld 辐射条件 (2.16) 式，可得方程 (2.17) 的通解为 [3]

$$\tilde{p}(r,k,\theta) = \sum_{n=-\infty}^{\infty} A_n \mathrm{H}_n^{(1)}\left(\sqrt{k_0^2 - k^2}\,r\right)\mathrm{e}^{\mathrm{i}n\theta} \tag{2.18}$$

其中，$\mathrm{H}_n^{(1)}(\ )$ 为 n 阶第一类 Hankel 函数。

将 (2.18) 式代入 Fourier 变换后的 (2.15) 式，可得

$$\tilde{p}(R,k,\theta) = -\mathrm{i}\omega \sum_{n=-\infty}^{\infty} \tilde{Z}_n^{(f)}(k)\tilde{w}_n(k)\mathrm{e}^{\mathrm{i}n\theta} \tag{2.19}$$

其中，$\tilde{Z}_n^{(f)}(k) = \dfrac{\mathrm{i}\rho_0\omega \mathrm{H}_n^{(1)}\left(\sqrt{k_0^2 - k^2}\,R\right)}{\sqrt{k_0^2 - k^2}\,\mathrm{H}_n^{(1)'}\left(\sqrt{k_0^2 - k^2}\,R\right)}$，为波数域内的声阻抗；$\mathrm{H}_n^{(1)'}(\ )$ 表示 n 阶第一类 Hankel 函数对括号内变量的导数。

将 (2.19) 式代入 (2.8) 式可得 $\tilde{Z}_n^{(s)}(k)[-\mathrm{i}\omega\tilde{w}_n(k)] = \tilde{F}_n - [-\mathrm{i}\omega\tilde{Z}_n^{(f)}(k)\tilde{w}_n(k)]$。进一步整理后可得

$$\tilde{w}_n(k) = \frac{\tilde{F}_n}{-\mathrm{i}\omega[\tilde{Z}_n^{(s)}(k) + \tilde{Z}_n^{(f)}(k)]} \tag{2.20}$$

将 (2.20) 式代入 (2.19) 式得

$$\tilde{p}(R,k,\theta) = \sum_{n=-\infty}^{\infty} \frac{\tilde{F}_n}{\tilde{Z}_n^{(s)}(k) + \tilde{Z}_n^{(f)}(k)} \frac{\mathrm{i}\rho_0\omega \mathrm{H}_n^{(1)}\left(\sqrt{k_0^2 - k^2}\,R\right)}{\sqrt{k_0^2 - k^2}\,\mathrm{H}_n^{(1)'}\left(\sqrt{k_0^2 - k^2}\,R\right)}\mathrm{e}^{\mathrm{i}n\theta} \tag{2.21}$$

比较 (2.21) 式和 (2.18) 式, 可知

$$A_n = \frac{\tilde{F}_n}{\tilde{Z}_n^{(s)}(k) + \tilde{Z}_n^{(f)}(k)} \frac{\mathrm{i}\rho_0\omega}{\sqrt{k_0^2 - k^2}\mathrm{H}_n^{(1)'}(\sqrt{k_0^2 - k^2}R)} \tag{2.22}$$

因此,

$$\tilde{p}(r, k, \theta) = \sum_{n=-\infty}^{\infty} \frac{\tilde{F}_n}{\tilde{Z}_n^{(s)}(k) + \tilde{Z}_n^{(f)}(k)} \frac{\mathrm{i}\rho_0\omega\mathrm{H}_n^{(1)}(\sqrt{k_0^2 - k^2}r)}{\sqrt{k_0^2 - k^2}\mathrm{H}_n^{(1)'}(\sqrt{k_0^2 - k^2}R)} \mathrm{e}^{\mathrm{i}n\theta} \tag{2.23}$$

对 (2.23) 式作 Fourier 逆变换, 可得流场中的声压为

$$p(r, x, \theta) = \frac{1}{2\pi} \int_{-\infty}^{\infty} \sum_{n=-\infty}^{\infty} \frac{\tilde{F}_n}{\tilde{Z}_n^{(s)}(k) + \tilde{Z}_n^{(f)}(k)} \frac{\mathrm{i}\rho_0\omega\mathrm{H}_n^{(1)}(\sqrt{k_0^2 - k^2}r)}{\sqrt{k_0^2 - k^2}\mathrm{H}_n^{(1)'}(\sqrt{k_0^2 - k^2}R)} \mathrm{e}^{\mathrm{i}(n\theta+kx)} \mathrm{d}k \tag{2.24}$$

在远场 Hankel 函数有渐近表达式 [5]:

$$\mathrm{H}_n^{(1)}\left(\sqrt{k_0^2 - k^2}r\right) \xrightarrow{r \to \infty} \sqrt{\frac{2}{\pi(k_0^2 - k^2)^{1/2}r}} \mathrm{e}^{\mathrm{i}\left(\sqrt{k_0^2 - k^2}r - \frac{2n+1}{4}\pi\right)} \tag{2.25}$$

将 (2.25) 式代入 (2.24) 式, 然后应用稳相法求解远场辐射声压 [3], 为此令

$$\begin{cases} k = k_0 \cos\lambda \\ r = R_e \sin\vartheta \\ x = R_e \cos\vartheta \end{cases} \tag{2.26}$$

其中, R_e 为场点与坐标原点的距离, ϑ 为场点位置矢量 (矢径) 与圆柱壳轴线的夹角。

同时我们知道对远场辐射声压有贡献的积分区间为 $[-k_0, k_0]$; 不失一般性, 将激励点位置取在 $(x = 0, \theta = 0)$, 由 (2.13) 式可知 $\tilde{F}_n = F_A/(2\pi R)$。由此可得

$$p(r, x, \theta) = -\frac{1}{2\pi} \int_0^{\pi} \sum_{n=-\infty}^{\infty} \left[\frac{F_A/(2\pi R)}{\tilde{Z}_n^{(s)}(k_0\cos\lambda) + \tilde{Z}_n^{(f)}(k_0\cos\lambda)} \frac{\mathrm{i}\rho_0\omega}{k_0\sin\lambda\mathrm{H}_n^{(1)'}(k_0R\sin\lambda)} \right.$$

$$\left. \times \sqrt{\frac{2}{\pi k_0 R_e \sin\lambda\sin\vartheta}} \mathrm{e}^{\mathrm{i}n(\theta-\pi/2)} \mathrm{e}^{\mathrm{i}k_0R_e(\sin\lambda\sin\vartheta+\cos\lambda\cos\vartheta)-\mathrm{i}\pi/4} k_0(-\sin\lambda) \right] \mathrm{d}\lambda \tag{2.27}$$

其中, 指数项为 $\eta = \mathrm{i}k_0R_e(\sin\lambda\sin\vartheta + \cos\lambda\cos\vartheta) - \mathrm{i}\pi/4$。由 $\frac{\partial\eta}{\partial\lambda} = 0$, 得 $\cos\lambda\sin\vartheta - \sin\lambda\cos\vartheta = 0$; 同时要求 $\lambda \in [0, \pi]$, 可得 $\lambda = \vartheta$。将这些结果代入稳相法公式 [6], 最终获得远场辐射声压计算公式为

$$p(r, x, \theta) = \frac{\rho_0 c_0 \mathrm{e}^{\mathrm{i}k_0 R_e}}{\pi R_e \sin\vartheta} \sum_{n=-\infty}^{\infty} \left[\frac{F_A/(2\pi R)}{\tilde{Z}_n^{(s)}(k_0\cos\vartheta) + \tilde{Z}_n^{(f)}(k_0\cos\vartheta)} \frac{(-\mathrm{i})^n \mathrm{e}^{\mathrm{i}n\theta}}{\mathrm{H}_n^{(1)'}(k_0R\sin\vartheta)} \right] \tag{2.28}$$

　　在实际计算时, (2.28) 式中 n 不可能从 $-\infty$ 到 ∞。假设 n 取为从 $-N$ 到 N, 则在具体选取 N 的值时 (N 称为周向波数的截断值), 需要考虑使 (2.28) 式具有足够的收敛精度。

　　定义声压级的换算公式为

$$L_p = 20 \log_{10}\left(\frac{|p|/\sqrt{2}}{p_0}\right) \tag{2.29}$$

其中, 声压级 L_p 的单位是分贝 (dB), $|p|$ 表示场点声压的幅值, 参考声压 $p_0 = 1 \times 10^{-6}\mathrm{Pa}$。

2.2.4　算例及分析

　　取圆柱壳的直径为 2m, 厚度为 16mm, 材料杨氏模量为 $2.1 \times 10^{11}\mathrm{N/m^2}$, 泊松比为 0.3, 结构阻尼损耗因子为 0.02。取水介质的密度为 $1025\mathrm{kg/m^3}$, 水中声速为 1500m/s。静水压强 $p_0 = 0$。计算辐射声压的场点坐标为 ($r = 1000\mathrm{m}, x = 0, \theta = 0$)。激励力幅值为 $\sqrt{2}\mathrm{N}$ (即有效值为 1N)。在实际计算中, 通过将圆柱壳材料的杨氏模量取为复数, 计及结构阻尼损耗的影响, 即取杨氏模量 $E = (1 - 0.02\mathrm{i}) \times 2.1 \times 10^{11}\mathrm{N/m^2}$。图 2.2 给出了 n 取不同截断区间的情况下, 场点声压级随频率变化的曲线。可见: 针对该计算模型, 在 5000Hz 以下频率范围内, 取周向波数截断值为 30 已经可以达到足够的计算精度; 频率越低, 达到收敛所需的周向波数越小; 在 2000Hz 以下频段, 只要取周向波数截断值为 10 就可以达到较好的收敛精度。

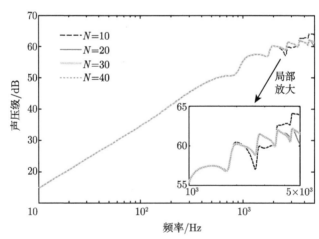

图 2.2　取不同的周向波数截断值情况下的远场辐射声压级计算结果

　　对于无限长圆柱壳而言, 壳体的振动能量一方面会辐射到水中, 同时还会沿着圆柱壳两端传递到无穷远处, 因此在壳体内不会形成强烈的共振现象, 从图 2.2 中也可以看到声辐射曲线没有尖锐的峰值。壳体内的振动波沿圆周方向传播时, 会存在叠加增强与抵消减弱的效应, 图 2.2 曲线中出现的起伏较为平缓的峰和谷就是由该效应引起的。

改变圆柱壳的直径为 3m 和 4m, 其余参数不变, 计算场点声压级 (周向波数截断值 N 的基本选取原则是保证计算结果具有足够的收敛精度), 结果如图 2.3 所示。可见: 圆柱壳直径的改变, 对场点声压级整体量值和变化趋势的影响不大, 主要影响在于起伏波动的峰和谷在频率上发生了偏移。造成这种影响的原因在于, 圆柱壳直径改变使得沿壳体圆周方向的振动叠加增强与抵消减弱的频率发生了变化。

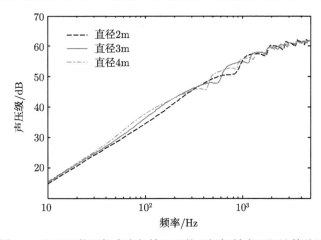

图 2.3　取不同的圆柱壳直径情况下的远场辐射声压级计算结果

取圆柱壳的直径为 2m, 改变圆柱壳结构阻尼损耗因子, 分别为 0.01, 0.02 和 0.04, 其余参数不变, 计算场点声压级, 结果如图 2.4 所示。可见: 阻尼损耗因子的影

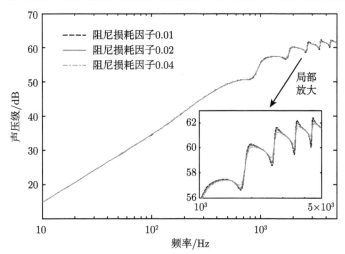

图 2.4　取不同的圆柱壳结构阻尼损耗因子情况下的远场辐射声压级计算结果

响主要体现在起伏波动的峰谷频率附近。这种现象与常见的阻尼对结构共振抑制的现象是一致的。这说明,前面提到的壳体振动波沿壳体圆周方向叠加增强的现象实际上也是一种 "弱共振" 现象。

2.3 内部含铺板的无限长圆柱壳声辐射计算方法

2.3.1 弹性结构与声波相互作用的互易原理

在线性假设下,弹性结构与流体介质的声振耦合现象满足互易原理 (这一线性系统普遍存在的原理)。在频域中进行分析,略去简谐时间因子 $e^{-i\omega t}$,根据互易原理有如下公式:

$$p_2(\boldsymbol{r}_0) = -\frac{1}{Q_1}\boldsymbol{v}_1(\boldsymbol{\chi}) \cdot \boldsymbol{f}_2(\boldsymbol{\chi}) \tag{2.30}$$

式中,各符号的具体含义为: 在弹性结构的 $\boldsymbol{\chi}$ 点处作用集中力 $\boldsymbol{f}_2(\boldsymbol{\chi})$,引起结构振动并向流场中辐射声波,在流场 $\boldsymbol{r}_0$ 点处的辐射声压为 $p_2(\boldsymbol{r}_0)$;位于流场中 $\boldsymbol{r}$ 点处的单极子点声源 $q_1(\boldsymbol{r}) = Q_1\delta(\boldsymbol{r} - \boldsymbol{r}_0)$,通过声波激励引起弹性结构的振动,在弹性结构的 $\boldsymbol{\chi}$ 点处的振动速度响应为 $\boldsymbol{v}_1(\boldsymbol{\chi})$。$\omega$ 为激励角频率,$\delta(\boldsymbol{r} - \boldsymbol{r}_0)$ 为三维 Dirac 函数,Q_1 为单极子点声源的总流速。由 Q_1 起的流场中 $\boldsymbol{r}$ 点处的声压为 [4]

$$p_1(\boldsymbol{r}) = -\frac{i\omega\rho_0 Q_1}{4\pi r}\exp[-i(\omega t - k_0 r)] \tag{2.31}$$

式中,ρ_0 为流体密度,$r = |\boldsymbol{r} - \boldsymbol{r}_0|$ 为场点与源点的距离;$k_0 = \omega/c_0$ 为流体中声波波数,c_0 为流体中声速。

通过 (2.30) 式可以将弹性结构的声辐射问题转化为声散射问题进行求解,这是进行下面理论推导的基础。

2.3.2 内部含铺板的圆柱壳结构声振耦合理论推导

1. 计算模型的二维简化

如图 2.5 所示,一足够长的弹性圆柱壳浸没在无界水域中,其半径为 R,长度为 L,$L \gg R$。此时,圆柱壳可作为无限长结构进行处理,略去两端舱壁板的影响。在圆柱壳的中间焊接一水平弹性铺板,两端焊接平板舱壁。计算两种激励工况的水中辐射声压:一种是在铺板中间作用法向单位简谐集中激励力,另一种是在正下方的圆柱壳上作用法向单位简谐集中激励力。

根据 2.3.1 节中所述的互易原理,将该声辐射问题转化为声散射问题。如图 2.6 所示,有一单极子点声源 Q_1 置于离圆柱壳无穷远处,该点声源位于圆柱壳的正下方。

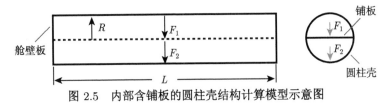

图 2.5　内部含铺板的圆柱壳结构计算模型示意图

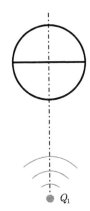

图 2.6　单极子点声源作用下结构声散射计算模型示意图

因单极子点声源离圆柱壳的距离为无穷远,传播到圆柱壳上时球面波可以看成平面波。又由于圆柱壳足够长,$L \gg R$,截出该模型的中横剖面进行分析,在静力学中是一平面应变问题,可用二维模型来近似处理该三维模型的中间部分。将此平面应变问题推广到动力学中,简化成一个二维模型来处理该声散射问题。

2. 刚性固定圆环的声散射问题

考虑一刚性固定圆环,如图 2.7 所示。正下方入射的平面波声压可以表示为

$$p_1(r,\theta) = \bar{p}_1 \mathrm{e}^{\mathrm{i}k_0 r \cos\theta} \tag{2.32}$$

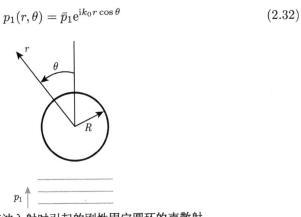

图 2.7　平面声波入射时引起的刚性固定圆环的声散射

式中, $\bar{p}_1$ 为正实数, 对应平面波的声压幅值。对应 (2.31) 式, 可令 $\bar{p}_1 = \left| \dfrac{\omega \rho_0 Q_1}{4\pi r} \right|_{r \to \infty}$。

将平面波展开成柱函数的级数求和形式 [4]:

$$p_1(r, \theta) = \bar{p}_1 \sum_{n=-\infty}^{\infty} \mathrm{i}^n \mathrm{J}_n(k_0 r) \mathrm{e}^{\mathrm{i}n\theta} \tag{2.33}$$

式中, $\mathrm{J}_n(\ )$ 表示 n 阶 Bessel 函数。将散射声场 p_s 写成类似的形式:

$$p_s(r, \theta) = \bar{p}_1 \sum_{n=-\infty}^{\infty} A_n \mathrm{H}_n^{(1)}(k_0 r) \mathrm{e}^{\mathrm{i}n\theta} \tag{2.34}$$

式中, $\mathrm{H}_n^{(1)}(\ )$ 表示 n 阶第一类 Hankel 函数。

对于刚性固定圆环, 满足如下边界条件:

$$\left. \frac{\partial p}{\partial r} \right|_{r=R} = 0 \tag{2.35}$$

式中, $p = p_1 + p_s$, R 为圆环半径。

将 (2.33) 式和 (2.34) 式代入 (2.35) 式, 得

$$A_n = -\mathrm{i}^n \frac{\mathrm{J}'_n(k_0 R)}{\mathrm{H}_n^{(1)'}(k_0 R)} \tag{2.36}$$

式中, $\mathrm{J}'_n(\ )$ 表示 n 阶 Bessel 函数对括号内变量的导数, $\mathrm{H}_n^{(1)'}(\ )$ 表示 n 阶第一类 Hankel 函数对括号内变量的导数。

所以由平面声波入射到圆环上, 产生的对圆环表面的激励载荷 (声压) 为

$$p(R, \theta) = p_1 + p_s = \bar{p}_1 \sum_{n=-\infty}^{\infty} \left[\mathrm{i}^n \mathrm{J}_n(k_0 R) - \mathrm{i}^n \frac{\mathrm{J}'_n(k_0 R)}{\mathrm{H}_n^{(1)'}(k_0 R)} \mathrm{H}_n^{(1)}(k_0 R) \right] \mathrm{e}^{\mathrm{i}n\theta} \tag{2.37}$$

对于左右舷对称的情况, 即 $p(R, \theta) = p(R, -\theta)$, (2.37) 式可等效为

$$p(R, \theta) = \bar{p}_1 \left[\mathrm{J}_0(k_0 R) - \frac{\mathrm{J}'_0(k_0 R)}{\mathrm{H}_0^{(1)'}(k_0 R)} \mathrm{H}_0^{(1)}(k_0 R) \right]$$

$$+ 2\bar{p}_1 \sum_{n=1}^{\infty} \left[\mathrm{i}^n \mathrm{J}_n(k_0 R) - \mathrm{i}^n \frac{\mathrm{J}'_n(k_0 R)}{\mathrm{H}_n^{(1)'}(k_0 R)} \mathrm{H}_n^{(1)}(k_0 R) \right] \cos n\theta \tag{2.38}$$

3. 结构的二维动力学建模

基于上述三维到二维的简化, 三维圆柱壳转化为二维平面圆环。考虑到在本小节第 2 部分中平面声波作用下圆环所有的激励及产生的振动均是左右舷对称的,

因此可将圆环的振动位移表示成如下级数的形式:

$$\begin{cases} w(\theta,t) = \sum_{n=0}^{N} \bar{A}_n(t)\cos n\theta \\ v(\theta,t) = \sum_{n=0}^{N} \bar{B}_n(t)\sin n\theta \end{cases} \tag{2.39}$$

式中, $w(\theta,t)$、$v(\theta,t)$ 分别为圆柱壳的径向和周向位移, 径向位移指向外流场为正, 周向位移沿逆时针方向为正; $\bar{A}_n(t)$、$\bar{B}_n(t)$ 是广义坐标。对稳态简谐情况, 有

$$\begin{cases} \bar{A}_n(t) = \mathrm{e}^{-\mathrm{i}\omega t}W_n \\ \bar{B}_n(t) = \mathrm{e}^{-\mathrm{i}\omega t}V_n \end{cases} \tag{2.40}$$

当 $N \to \infty$ 时, (2.40) 式表示的振动形态是严格完备的。

圆柱壳的周向应变 e_1 和弯曲曲率变化 κ_1 的表达式为 [7]

$$\begin{cases} e_1 = \dfrac{1}{R}\left(\dfrac{\partial v}{\partial \theta} + w\right) \\ \kappa_1 = \dfrac{1}{R^2}\left(-\dfrac{\partial v}{\partial \theta} + \dfrac{\partial^2 w}{\partial \theta^2}\right) \end{cases} \tag{2.41}$$

忽略壳板的旋转惯量, 单位长度圆柱壳的动能为

$$T_c = \frac{\rho_1 h_1 R}{2} \int_0^{2\pi} \left(\dot{v}^2 + \dot{w}^2\right)\mathrm{d}\theta \tag{2.42}$$

式中, ρ_1 为圆柱壳体密度, h_1 为圆柱壳壁厚, $\dot{w}$、$\dot{v}$ 分别为径向和周向振速。

单位长度圆柱壳的应变能为

$$V_c = \frac{1}{2}\frac{E_1}{1-\sigma_1^2}h_1 R \int_0^{2\pi} e_1^2 \mathrm{d}\theta + \frac{1}{2}E_1 I_1 R \int_0^{2\pi} \kappa_1^2 \mathrm{d}\theta \tag{2.43}$$

式中, E_1、σ_1 分别为圆柱壳材料的杨氏模量和泊松比, $I_1 = \dfrac{h_1^3}{12(1-\sigma_1^2)}$ 相当于弯曲惯性矩。

将 (2.39) 式代入 (2.42) 式, 得

$$T_c = \pi\rho_1 h_1 R \dot{\bar{A}}_0^2 + \frac{\pi\rho_1 h_1 R}{2}\sum_{n=1}^{N}\left(\dot{\bar{A}}_n^2 + \dot{\bar{B}}_n^2\right) \tag{2.44}$$

将 (2.39) 式代入 (2.41) 式, 再代入 (2.43) 式, 得

$$V_c = \frac{\pi E_1 h_1 R}{1-\sigma_1^2}\left(\frac{\bar{A}_0}{R}\right)^2 + \frac{\pi E_1 h_1 R}{2(1-\sigma_1^2)}\sum_{n=1}^{N}\left[\frac{1}{R}\left(n\bar{B}_n + \bar{A}_n\right)\right]^2$$

$$+ \frac{\pi E_1 h_1^3 R}{24(1-\sigma_1^2)} \sum_{n=1}^{N} \left[\frac{1}{R^2} \left(-n\bar{B}_n - n^2 \bar{A}_n \right) \right]^2 \tag{2.45}$$

铺板的运动分面内运动 (拉伸运动) 和面外运动 (弯曲运动)。建立铺板运动分析坐标系，如图 2.8 所示。面内运动的微分方程为

$$\frac{\partial^2 \eta}{\partial x^2} - \frac{1}{a^2} \frac{\partial^2 \eta}{\partial t^2} = 0 \tag{2.46}$$

式中，η 表示面内位移，$a = \sqrt{\dfrac{E_2}{\rho_2(1-\sigma_2^2)}}$，$\rho_2$、$E_2$ 和 σ_2 分别为铺板的体密度、杨氏模量和泊松比。对于稳态简谐运动，有

$$\frac{\partial^2 \eta}{\partial x^2} + k_a^2 \eta = 0 \tag{2.47}$$

式中，$k_a = \omega/a$ 为纵波波数。

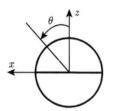

图 2.8　铺板运动分析坐标系

考虑左右舷运动的对称性，得通解

$$\eta = \sum_{n=0}^{N} \bar{C}_n(t) \sin k_a x \tag{2.48}$$

铺板与圆柱的左右端连接处满足位移连续性条件，结合 (2.39) 式可得

$$\eta = \sum_{n=0}^{N} \frac{\bar{A}_n(t) \cos \dfrac{n\pi}{2}}{\sin k_a R} \sin k_a x \tag{2.49}$$

铺板面外简谐运动的方程为

$$\frac{\partial^4 \xi}{\partial x^4} - k_b^4 \xi = 0 \tag{2.50}$$

式中，ξ 表示横向位移，$k_b = \sqrt[4]{\dfrac{\rho_2 h_2 \omega^2}{D_2}}$ 为弯曲波波数，$D_2 = \dfrac{E_2 h_2^3}{12(1-\sigma_2^2)}$，$h_2$ 为铺板厚度。

考虑左右舷运动的对称性，(2.50) 式的通解为

$$\xi = \sum_{n=0}^{N} \bar{D}_n(t) \cos k_b x + \sum_{n=0}^{N} \bar{E}_n(t) \cosh k_b x \qquad (2.51)$$

考虑到铺板与圆柱壳连接处满足的位移连续性条件，可得

$$\begin{cases} \xi|_{x=R} = -v|_{\theta=\pi/2} \\ \dfrac{\partial \xi}{\partial x}\bigg|_{x=R} = \left[\dfrac{\partial w}{R\partial \theta} - \dfrac{v}{R} \right]_{\theta=\pi/2} \end{cases} \qquad (2.52)$$

将 (2.39) 式和 (2.51) 式代入 (2.52) 式，得

$$\begin{cases} \displaystyle\sum_{n=0}^{N} \bar{D}_n(t) \cos k_b R + \sum_{n=0}^{N} \bar{E}_n(t) \cosh k_b R = -\sum_{n=0}^{N} \bar{B}_n(t) \sin \dfrac{n\pi}{2} \\ -k_b \displaystyle\sum_{n=0}^{N} \bar{D}_n(t) \sin k_b R + k_b \sum_{n=0}^{N} \bar{E}_n(t) \sinh k_b R = -\dfrac{1}{R}\sum_{n=0}^{N} \bar{A}_n(t) n \sin \dfrac{n\pi}{2} \\ \qquad\qquad\qquad\qquad\qquad\qquad\qquad\qquad -\dfrac{1}{R}\sum_{n=0}^{N} \bar{B}_n(t) \sin \dfrac{n\pi}{2} \end{cases} \qquad (2.53)$$

当 $n = 0$ 时，取 $\bar{B}_n(t)$ 为常数 0。解上述方程组，可得

$$\begin{cases} \bar{D}_n = \dfrac{n \sin \dfrac{n\pi}{2}}{k_b R \sin k_b R + k_b R \cos k_b R \tanh k_b R} \bar{A}_n \\ \qquad + \left[\dfrac{k_b R \tan k_b R + 1}{k_b R \sin k_b R + k_b R \cos k_b R \tanh k_b R} - \dfrac{1}{\cos k_b R} \right] \sin \dfrac{n\pi}{2} \bar{B}_n \\ \quad = \dfrac{n \sin \dfrac{n\pi}{2}}{k_b R \sin k_b R + k_b R \cos k_b R \tanh k_b R} \bar{A}_n \\ \qquad + \dfrac{1 - k_b R \tanh k_b R}{k_b R \sin k_b R + k_b R \cos k_b R \tanh k_b R} \sin \dfrac{n\pi}{2} \bar{B}_n \\ \bar{E}_n = -\dfrac{n \sin \dfrac{n\pi}{2}}{k_b R \tan k_b R \cosh k_b R + k_b R \sinh k_b R} \bar{A}_n \\ \qquad - \dfrac{k_b R \tan k_b R + 1}{k_b R \tan k_b R \cosh k_b R + k_b R \sinh k_b R} \sin \dfrac{n\pi}{2} \bar{B}_n \\ \quad = -\dfrac{\dfrac{\cos k_b R}{\cosh k_b R} n \sin \dfrac{n\pi}{2}}{k_b R \sin k_b R + k_b R \cos k_b R \tanh k_b R} \bar{A}_n \\ \qquad - \dfrac{\dfrac{\cos k_b R}{\cosh k_b R}(k_b R \tan k_b R + 1)}{k_b R \sin k_b R + k_b R \cos k_b R \tanh k_b R} \sin \dfrac{n\pi}{2} \bar{B}_n \end{cases} \qquad (2.54)$$

为简化上述表达式的表现形式，设

$$S_{1n} = \dfrac{n \sin \dfrac{n\pi}{2}}{k_b R \sin k_b R + k_b R \cos k_b R \tanh k_b R}$$

$$S_{2n} = \frac{1 - k_b R \tanh k_b R}{k_b R \sin k_b R + k_b R \cos k_b R \tanh k_b R} \sin \frac{n\pi}{2}$$

$$S_{3n} = -\frac{\dfrac{\cos k_b R}{\cosh k_b R} n \sin \dfrac{n\pi}{2}}{k_b R \sin k_b R + k_b R \cos k_b R \tanh k_b R}$$

$$S_{4n} = -\frac{\dfrac{\cos k_b R}{\cosh k_b R}(k_b R \tan k_b R + 1)}{k_b R \sin k_b R + k_b R \cos k_b R \tanh k_b R} \sin \frac{n\pi}{2}$$

则有

$$\begin{cases} \bar{D}_n = S_{1n}\bar{A}_n + S_{2n}\bar{B}_n \\ \bar{E}_n = S_{3n}\bar{A}_n + S_{4n}\bar{B}_n \end{cases} \tag{2.55}$$

忽略铺板截面的旋转惯量，单位长度铺板的动能可表示为

$$T_p = \frac{\rho_2 h_2}{2} \int_{-R}^{R} \dot{\eta}^2 \mathrm{d}x + \frac{\rho_2 h_2}{2} \int_{-R}^{R} \dot{\xi}^2 \mathrm{d}x \tag{2.56}$$

将 (2.49) 式、(2.51) 式代入 (2.56) 式，得

$$\begin{aligned}
T_p = {} & \frac{\rho_2 h_2}{4} \frac{2k_a R - \sin 2k_a R}{k_a (\sin k_a R)^2} \sum_{n=0}^{N} \sum_{m=0}^{N} \left(\dot{\bar{A}}_m \cos \frac{m\pi}{2}\right) \left(\dot{\bar{A}}_n \cos \frac{n\pi}{2}\right) \\
& + \frac{\rho_2 h_2}{4} \frac{2k_b R + \sin 2k_b R}{k_b} \sum_{n=0}^{N} \sum_{m=0}^{N} \left(S_{1m}\dot{\bar{A}}_m + S_{2m}\dot{\bar{B}}_m\right) \left(S_{1n}\dot{\bar{A}}_n + S_{2n}\dot{\bar{B}}_n\right) \\
& + \frac{\rho_2 h_2}{4} \frac{2k_b R + \sinh 2k_b R}{k_b} \sum_{n=0}^{N} \sum_{m=0}^{N} \left(S_{3m}\dot{\bar{A}}_m + S_{4m}\dot{\bar{B}}_m\right) \left(S_{3n}\dot{\bar{A}}_n + S_{4n}\dot{\bar{B}}_n\right) \\
& + \frac{\rho_2 h_2 (\cos k_b R \sinh k_b R + \sin k_b R \cosh k_b R)}{2k_b} \\
& \times \sum_{n=0}^{N} \sum_{m=0}^{N} \left(S_{1m}\dot{\bar{A}}_m + S_{2m}\dot{\bar{B}}_m\right) \left(S_{3n}\dot{\bar{A}}_n + S_{4n}\dot{\bar{B}}_n\right)
\end{aligned} \tag{2.57}$$

铺板的面内应变 e_2 和弯曲曲率的变化 κ_2 的表达式为

$$\begin{cases} e_2 = \dfrac{\partial \eta}{\partial x} \\ \kappa_2 = \dfrac{\partial^2 \xi}{\partial x^2} \end{cases} \tag{2.58}$$

单位长度铺板的应变能为

$$V_p = \frac{1}{2} \frac{E_2 h_2}{1 - \sigma_2^2} \int_{-R}^{R} e_2^2 \mathrm{d}x + \frac{1}{2} E_2 I_2 \int_{-R}^{R} \kappa_2^2 \mathrm{d}x \tag{2.59}$$

式中，$I_2 = \dfrac{h_2^3}{12(1 - \sigma_2^2)}$，相当于弯曲惯性矩。

将 (2.49) 式、(2.51) 式代入 (2.58) 式，再代入 (2.29) 式，得

$$
\begin{aligned}
V_p = {} & \frac{E_2 h_2}{4(1-\sigma_2^2)} \frac{2k_a R + \sin 2k_a R}{k_a \left(\sin k_a R\right)^2} \sum_{n=0}^{N} \sum_{m=0}^{N} \left(k_a \bar{A}_m \cos \frac{m\pi}{2}\right) \left(k_a \bar{A}_n \cos \frac{n\pi}{2}\right) \\
& + \frac{E_2 I_2}{4} \frac{\sin 2k_b R + 2k_b R}{k_b} \\
& \times \sum_{n=0}^{N} \sum_{m=0}^{N} \left(k_b^2 S_{1m} \bar{A}_m + k_b^2 S_{2m} \bar{B}_m\right) \left(k_b^2 S_{1n} \bar{A}_n + k_b^2 S_{2n} \bar{B}_n\right) \\
& + \frac{E_2 I_2}{4} \frac{\sinh 2k_b R + 2k_b R}{k_b} \\
& \times \sum_{n=0}^{N} \sum_{m=0}^{N} \left(k_b^2 S_{3m} \bar{A}_m + k_b^2 S_{4m} \bar{B}_m\right) \left(k_b^2 S_{3n} \bar{A}_n + k_b^2 S_{4n} \bar{B}_n\right) \\
& - \frac{E_2 I_2 \left(\cos k_b R \sinh k_b R + \sin k_b R \cosh k_b R\right)}{2k_b} \\
& \times \sum_{n=0}^{N} \sum_{m=0}^{N} \left(k_b^2 S_{1m} \bar{A}_m + k_b^2 S_{2m} \bar{B}_m\right) \left(k_b^2 S_{3n} \bar{A}_n + k_b^2 S_{4n} \bar{B}_n\right) \qquad (2.60)
\end{aligned}
$$

结合 (2.44) 式和 (2.57) 式可得该二维系统总的动能 T，结合 (2.45) 式和 (2.60) 式可得该二维系统总的应变能 V，即

$$
T = T_c + T_p \qquad (2.61)
$$

$$
V = V_c + V_p \qquad (2.62)
$$

4. 流体动载荷

在极坐标系内将二维圆环振动引起的辐射声波表示为如下的级数形式 [4]：

$$
p_a = \sum_{n=0}^{N} B_n \mathrm{H}_n^{(1)}(k_0 r) \cos n\theta \qquad (2.63)
$$

由 (2.39) 式和 (2.40) 式可知，略去简谐时间因子 $\mathrm{e}^{-\mathrm{i}\omega t}$，圆柱壳径向位移为

$$
w(\theta) = \sum_{n=0}^{N} W_n \cos n\theta \qquad (2.64)
$$

流固接触面的边界条件为

$$
\left.\frac{\partial p_a}{\partial r}\right|_{r=R} = \rho_0 \omega^2 w \qquad (2.65)
$$

将 (2.63) 式和 (2.64) 式代入 (2.65) 式, 即得

$$B_n = \frac{\rho_0 \omega^2}{k_0 \mathrm{H}_n^{(1)'}(k_0 R)} W_n \tag{2.66}$$

不难知道, 流体动载荷在不同周向波数之间是解耦的, 流体动载荷在周向波数 n 下的广义力为

$$\begin{aligned}
P_n &= -\int_0^{2\pi} \frac{\rho_0 \omega^2}{k_0 \mathrm{H}_n^{(1)'}(k_0 R)} \mathrm{H}_n^{(1)}(k_0 R) W_n (\cos n\theta)^2 R \mathrm{d}\theta \\
&= -\varepsilon_n \frac{\pi R \rho_0 \omega^2}{k_0 \mathrm{H}_n^{(1)'}(k_0 R)} \mathrm{H}_n^{(1)}(k_0 R) W_n
\end{aligned} \tag{2.67}$$

式中, $\varepsilon_n = \begin{cases} 2, & n = 0 \\ 1, & n > 0 \end{cases}$, 根据 (2.67) 式可定义流体的广义附加水质量 (包括实部和虚部) 为

$$G_n = -\varepsilon_n \frac{\pi R \rho_0}{k_0 \mathrm{H}_n^{(1)'}(k_0 R)} \mathrm{H}_n^{(1)}(k_0 R) \tag{2.68}$$

5. 广义入射声波激励力

根据 (2.38) 式可得, 每个周向波数下, 入射平面声波引起的广义激励力为

$$F_n = \begin{cases}
-\bar{p}_1 \int_0^{2\pi} 2\left[\mathrm{i}^n \mathrm{J}_n(k_0 R) - \mathrm{i}^n \dfrac{\mathrm{J}'_n(k_0 R)}{\mathrm{H}_n^{(1)'}(k_0 R)} \mathrm{H}_n^{(1)}(k_0 R) \right] (\cos n\theta)^2 R \mathrm{d}\theta \\
= -2\pi R \bar{p}_1 \left[\mathrm{i}^n \mathrm{J}_n(k_0 R) - \mathrm{i}^n \dfrac{\mathrm{J}'_n(k_0 R)}{\mathrm{H}_n^{(1)'}(k_0 R)} \mathrm{H}_n^{(1)}(k_0 R) \right], \quad n > 0 \\
-\bar{p}_1 \int_0^{2\pi} \left[\mathrm{J}_0(k_0 R) - \dfrac{\mathrm{J}'_0(k_0 R)}{\mathrm{H}_0^{(1)'}(k_0 R)} \mathrm{H}_0^{(1)}(k_0 R) \right] R \mathrm{d}\theta \\
= -2\pi R \bar{p}_1 \left[\mathrm{i}^n \mathrm{J}_n(k_0 R) - \mathrm{i}^n \dfrac{\mathrm{J}'_n(k_0 R)}{\mathrm{H}_n^{(1)'}(k_0 R)} \mathrm{H}_n^{(1)}(k_0 R) \right], \quad n = 0
\end{cases} \tag{2.69}$$

所以对每个周向波数 n, 广义激励力可统一表示为

$$F_n = -2\pi R \bar{p}_1 \left[\mathrm{i}^n \mathrm{J}_n(k_0 R) - \mathrm{i}^n \frac{\mathrm{J}'_n(k_0 R)}{\mathrm{H}_n^{(1)'}(k_0 R)} \mathrm{H}_n^{(1)}(k_0 R) \right] \tag{2.70}$$

6. 圆柱壳与铺板耦合的干结构自由振动方程

分析力学中, 对于每一个主坐标 q_n, 拉格朗日方程有如下形式:

$$\frac{\mathrm{d}}{\mathrm{d}t}\left(\frac{\partial T}{\partial \dot{q}_n} \right) - \frac{\partial T}{\partial q_n} + \frac{\partial V}{\partial q_n} = 0 \tag{2.71}$$

本书中与 q_n 相对应的待求解的主坐标为 (2.40) 式中的 W_n 和 V_n。将 (2.61) 式和 (2.62) 式代入 (2.71) 式，可得奇数周向波数干结构振动与偶数周向波数干结构振动解耦的两个方程组。

由奇数周向波数组成的干结构自由振动矩阵方程为

$$-\omega^2 \left(\begin{array}{cc} [a_{mn}] & [b_{mn}] \\ [c_{mn}] & [d_{mn}] \end{array} \right) \left(\begin{array}{c} \{W_n\} \\ \{V_n\} \end{array} \right) + \left(\begin{array}{cc} [a'_{mn}] & [b'_{mn}] \\ [c'_{mn}] & [d'_{mn}] \end{array} \right) \left(\begin{array}{c} \{W_n\} \\ \{V_n\} \end{array} \right) = \{0\},$$
$$m, n = 1, 3, \cdots, N \tag{2.72}$$

式中，认为 N 为奇数。a_{mn}、b_{mn}、c_{mn}、d_{mn}、a'_{mn}、b'_{mn}、c'_{mn} 和 d'_{mn} 的具体计算式参见附录 2.A。

由偶数周向波数组成的干结构自由振动矩阵方程为

$$-\omega^2 \left(\begin{array}{cc} [a_{mn}] & [b_{mn}] \\ [c_{mn}] & [d_{mn}] \end{array} \right) \left(\begin{array}{c} \{W_n\} \\ \{V_n\} \end{array} \right) + \left(\begin{array}{cc} [a'_{mn}] & [b'_{mn}] \\ [c'_{mn}] & [d'_{mn}] \end{array} \right) \left(\begin{array}{c} \{W_n\} \\ \{V_n\} \end{array} \right) = \{0\},$$
$$m, n = 0, 2, \cdots, N-1 \tag{2.73}$$

在求解矩阵方程 (2.73) 时，取 $\{V_n\} = \{\begin{array}{ccc} V_2, & \cdots, & V_{N-1} \end{array}\}^{\mathrm{T}}$，去掉 V_0，在质量矩阵和刚度矩阵中也去掉相应的行和列；这是因为对于周向波数 $n = 0$，圆柱壳周向位移恒为零，不存在广义坐标 V_0。矩阵方程 (2.73) 中 a_{mn}、b_{mn}、c_{mn}、d_{mn}、a'_{mn}、b'_{mn}、c'_{mn} 和 d'_{mn} 的具体计算式参见附录 2.B。

7. 流固耦合振动方程

将本小节第 4 部分中的流体动载荷和第 5 部分中的入射声波激励力加入到矩阵方程中，就可得到流固耦合振动方程，依据该方程可求出主坐标响应。此时，奇数周向波数与偶数周向波数之间仍然是解耦的。

奇数周向波数对应的流固耦合振动方程为

$$-\omega^2 \left(\begin{array}{cc} [\delta_{mn}] & [b_{mn}] \\ [c_{mn}] & [d_{mn}] \end{array} \right) \left(\begin{array}{c} \{W_n\} \\ \{V_n\} \end{array} \right) + \left(\begin{array}{cc} [a'_{mn}] & [b'_{mn}] \\ [c'_{mn}] & [d'_{mn}] \end{array} \right) \left(\begin{array}{c} \{W_n\} \\ \{V_n\} \end{array} \right) = \left(\begin{array}{c} \{F_n\} \\ \{0\} \end{array} \right),$$
$$m, n = 1, 3, \cdots, N \tag{2.74}$$

式中，$\delta_{nn} = a_{nn} + G_n$，$G_n$ 见 (2.68) 式，F_n 见 (2.70) 式。

偶数周向波数对应的流固耦合振动方程为

$$-\omega^2 \left(\begin{array}{cc} [\delta_{mn}] & [b_{mn}] \\ [c_{mn}] & [d_{mn}] \end{array} \right) \left(\begin{array}{c} \{W_n\} \\ \{V_n\} \end{array} \right) + \left(\begin{array}{cc} [a'_{mn}] & [b'_{mn}] \\ [c'_{mn}] & [d'_{mn}] \end{array} \right) \left(\begin{array}{c} \{W_n\} \\ \{V_n\} \end{array} \right) = \left(\begin{array}{c} \{F_n\} \\ \{0\} \end{array} \right),$$
$$m, n = 0, 2, \cdots, N-1 \tag{2.75}$$

根据 (2.74) 式、(2.75) 式可求出主坐标响应 W_n、$V_n(n=0,1,\cdots,N)$。然后代入 (2.39) 式、(2.49) 式、(2.51) 式可求出圆柱壳和铺板结构上的振动响应。求出响应后，可根据互易原理 (2.30) 式计算远场辐射声压。

2.3.3　算例考核

1. 圆柱壳与铺板耦合二维模型的干模态计算验证

根据 2.3.2 节中的分析可知，该圆柱壳与铺板耦合二维结构奇数周向波数与偶数周向波数对应的模态是解耦的，所以下面将奇偶周向波数分开计算。利用 2.3.2 节第 6 部分中的解析能量法计算得到的干模态与有限元方法 (ABAQUS 软件) 计算得到的干模态进行比对。铺板与圆柱壳耦合二维模型的结构计算参数，如表 2.1 所示，两种方法计算得到的干固有频率如表 2.2 所示，两种方法计算得到的弹性模态振型如图 2.9、图 2.10 所示。可以看出，两种计算方法得到的结果几乎完全相同，充分验证了本书所述的圆柱壳与铺板组合结构的二维动力学解析计算方法及所编计算程序的正确性。

表 2.1　铺板与圆柱壳耦合二维模型的结构计算参数

圆柱壳直径	圆柱壳厚度	铺板厚度	密度	杨氏模量	泊松比
2m	16mm	12mm	7800kg/m^3	2.1×10^{11}N/m^2	0.3

表 2.2　解析法与有限元法计算得到的弹性模态干固有频率　　　　　　（单位：Hz）

方法	周向波数为奇数				周向波数为偶数			
	一阶	二阶	三阶	四阶	一阶	二阶	三阶	四阶
解析法	15.9	31.9	84.5	101.2	38.5	109.6	212.4	345.7
有限元法	15.4	32.9	82.1	103.8	38.5	109.5	211.8	344.4

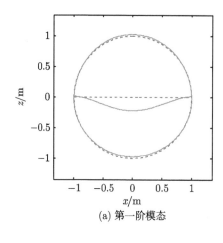

(a) 第一阶模态

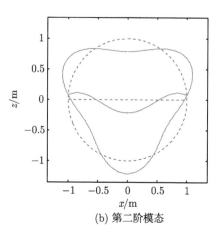

(b) 第二阶模态

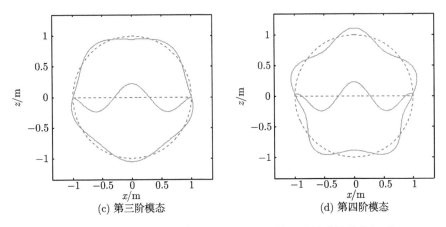

(c) 第三阶模态　　　　　　　　(d) 第四阶模态

图 2.9　解析方法计算得到的周向波数为奇数组合的弹性模态振型

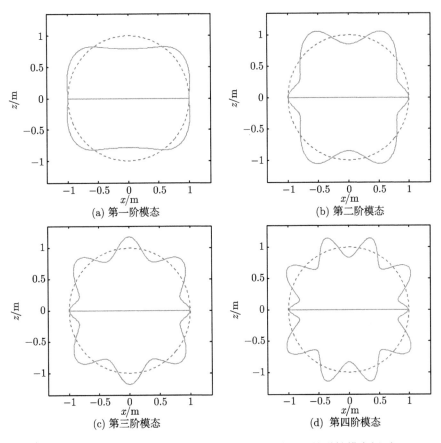

(a) 第一阶模态　　　　　　　　(b) 第二阶模态

(c) 第三阶模态　　　　　　　　(d) 第四阶模态

图 2.10　解析方法计算得到的周向波数为偶数组合的弹性模态振型

2. 水中声辐射计算验证

如图 2.5 所示，分别在铺板的中间和圆柱壳的正下方作用幅值为 $\sqrt{2}$N (即有效值为 1N) 的法向简谐集中激励力，计算水中辐射声压 (见 (2.30) 式中的 $p_2(r_0)$)，并按 (2.76) 式转化为声压级的形式:

$$L_p = 20 \log_{10}\left(\frac{|p_2|/\sqrt{2}}{p_{\text{ref}}}\right) \tag{2.76}$$

其中，基准声压 $p_{\text{ref}} = 1 \times 10^{-6}$Pa，声压级 L_p 的单位为 dB。

法向简谐集中力激励下的无限长弹性圆柱壳的水中声辐射存在严格标准的解析解[7]。将图 2.5 所示结构模型中的铺板去掉，采用本节所述的基于互易原理的声辐射解析计算方法计算 F_2 激励下的水中声辐射，与标准解析解进行比对，验证本节中计算方法的正确性。计算时结构阻尼损耗因子取为 0.02，取圆柱壳的直径为 2m 和 4m 两种情况，取水的密度为 1025kg/m³，水中声速为 1500m/s，其余结构参数与表 2.1 相同。计算时周向波数截断到 61，此时可保证计算结果具有较好的收敛性。取场点 r_0 位于圆柱壳的下方正对激励力，离圆柱壳轴线的距离为 10000m。场点声压级比对结果如图 2.11 所示。可见，两种方法给出的计算结果完全重合，验证了本节所述计算方法的正确性。

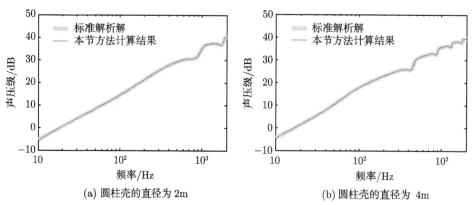

(a) 圆柱壳的直径为 2m　　　　　　　(b) 圆柱壳的直径为 4m

图 2.11　采用传统的标准解析计算方法与本节的互易原理方法计算得到的
远场辐射声压级比对结果

3. 算例分析

本小节中水的密度均取为 1025kg/m³，水中声速均取为 1500m/s。声压级计算场点 r_0 的位置同本小节第 2 部分。

取铺板的厚度为 16mm、12mm 和 8mm，结构阻尼损耗因子均取为 0.02，其余结构参数同表 2.1，计算位于铺板上的单位简谐集中激励力 F_1(见图 2.5) 作用下的水中声辐射。由图 2.12 所示的计算结果可见：三种铺板厚度情况下，远场辐射声压级的量值趋势基本一致，峰值频率发生移动。这是由于，改变铺板厚度，使图 2.8 所示二维结构的谐振频率发生了变化；实际上，也使图 2.5 所示的三维结构的水中谐振频率发生了变化。

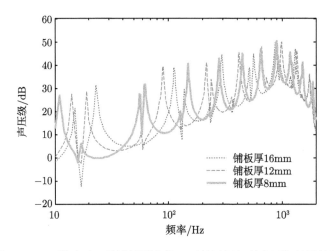

图 2.12　F_1 激励时三种铺板厚度情况下的远场辐射声压级计算结果

取圆柱壳的直径为 2m、4m 和 6m 三种情况，结构阻尼损耗因子均取为 0.02，其余结构参数同表 2.1，计算位于铺板上的单位简谐集中激励力 F_1(见图 2.5) 作用下的水中声辐射。由图 2.13 所示的计算结果可见：改变圆柱壳的直径，远场辐射声压

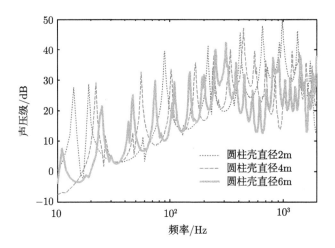

图 2.13　F_1 激励时三种圆柱壳直径情况下的远场辐射声压级计算结果

级的量值趋势及峰值频率均发生了明显的变化；特别是在 300~2000Hz 频段，增大圆柱壳的直径，远场辐射声压级量值在趋势上有较明显的下降。这是由于，增大圆柱壳的直径，使得铺板上激励点到圆柱壳的距离增大，激励点到圆柱壳的振动衰减也增大，从而导致圆柱壳振动及水中声辐射的减小。

　　取圆柱壳的直径为 4m，结构阻尼损耗因子取 0.02、0.06 和 0.1 三种情况，其余结构参数同表 2.1，计算位于铺板上的单位简谐集中激励力 F_1(见图 2.5) 作用下的水中声辐射。由图 2.14 所示的计算结果可见：增加结构阻尼损耗因子，辐射声压级的峰值得到显著的削弱；在 1000Hz 以上频段，除峰值得到显著的削弱外，整体量值也得到了明显的降低。这是由于，结构阻尼损耗因子增大，铺板上激励点到圆柱壳的振动衰减也将增大。随着频率的升高，这种衰减现象会越明显；当频率足够高时，传递到圆柱壳上的振动将衰减为 0。

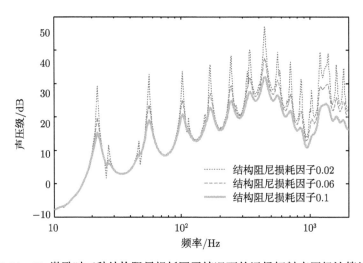

图 2.14　F_1 激励时三种结构阻尼损耗因子情况下的远场辐射声压级计算结果

2.4　两端简支的环向均匀加筋圆柱壳声辐射计算方法

2.4.1　动力学方程的推导

1. 弹性圆柱壳的动能和势能

采用的振动分析坐标系如图 2.1 所示，弹性圆柱壳的几何方程关系由文献 [1] 给出

$$\begin{cases} \varepsilon_x = \dfrac{\partial u}{\partial x}, \quad \varepsilon_\theta = \dfrac{1}{R}\left(\dfrac{\partial v}{\partial \theta} + w\right) \\[2mm] \gamma_{x\theta} = \dfrac{1}{R}\dfrac{\partial u}{\partial \theta} + \dfrac{\partial v}{\partial x}, \quad \kappa_x = -\dfrac{\partial^2 w}{\partial x^2} \\[2mm] \kappa_\theta = -\dfrac{1}{R^2}\left(\dfrac{\partial^2 w}{\partial \theta^2} - \dfrac{\partial v}{\partial \theta}\right) \\[2mm] \tau = -\dfrac{1}{R}\left(\dfrac{\partial^2 w}{\partial x \partial \theta} - \dfrac{\partial v}{\partial x}\right) \end{cases} \tag{2.77}$$

其中，u、v 和 w 分别是圆柱壳中面的轴向、周向和法向位移；x 是圆柱坐标系中的轴向坐标，θ 是圆柱坐标系中的周向坐标，R 是圆柱壳中面半径。

当激励频率低于壳体的吻合频率时，忽略壳体面板的旋转惯量，其动能为

$$T_s = \frac{\rho_s h R}{2} \int_0^{2\pi} \int_{-L/2}^{L/2} \left(\dot{u}^2 + \dot{v}^2 + \dot{w}^2\right) \mathrm{d}x \mathrm{d}\theta \tag{2.78}$$

其中，ρ_s 为圆柱壳的材料密度，h 为圆柱壳壁厚，L 为圆柱壳长度。

壳体的应变势能为 [8]

$$V_s = \frac{EhR}{2(1-\sigma^2)} \int_0^{2\pi} \int_{-L/2}^{L/2} \left[(\varepsilon_x + \varepsilon_\theta)^2 - 2(1-\sigma)\left(\varepsilon_x \varepsilon_\theta - \frac{1}{4}\gamma_{x\theta}^2\right)\right] \mathrm{d}x \mathrm{d}\theta$$
$$+ \frac{Eh^3 R}{24(1-\sigma^2)} \int_0^{2\pi} \int_{-L/2}^{L/2} \left[(\kappa_x + \kappa_\theta)^2 - 2(1-\sigma)\left(\kappa_x \kappa_\theta - \tau^2\right)\right] \mathrm{d}x \mathrm{d}\theta \tag{2.79}$$

式中，第一部分是壳体中面的拉伸应变能，第二部分是弯曲应变能；E 是壳体材料的杨氏模量，σ 是壳体材料的泊松比。

2. 环向加强筋的动能和势能

弹性圆柱壳外侧布置环向加强筋，如图 2.15 所示。根据圆柱壳中面与环向加强筋之间的位移连续性条件，可导出环向加强筋截面质心的位移分量与壳中面位移分量之间的关系 [8]：

$$\begin{cases} u_G = u - e_2 \alpha \\[2mm] v_G = v\left(1 + \dfrac{e_2}{R}\right) - \dfrac{e_2}{R}\dfrac{\partial w}{\partial \theta} \\[2mm] w_G = w \\[2mm] \alpha = \dfrac{\partial w}{\partial x} \end{cases} \tag{2.80}$$

式中，u_G、v_G 和 w_G 分别为环向加强筋截面质心的轴向、周向和法向位移，e_2 为环向加强筋质心与壳体中面之间的距离 (外侧环向加强筋为正，内侧环向加强筋为负)。

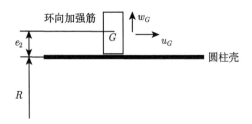

图 2.15　焊接在圆柱壳上的环向加强筋示意图

环向加强筋单位长度上的 γ, 周向应变 e_G 和其对截面的两主轴的弯曲曲率变化的表达式为 [8]

$$
\begin{cases}
\gamma = \dfrac{1}{R+e_2}\left(\dfrac{\partial \alpha}{\partial \theta} + \dfrac{1}{R+e_2}\dfrac{\partial u_G}{\partial \theta}\right) \\[2mm]
e_G = \dfrac{1}{R+e_2}\left(\dfrac{\partial v_G}{\partial \theta} + w_G\right) \\[2mm]
\kappa_1 = \dfrac{1}{R+e_2}\left(-\alpha + \dfrac{1}{R+e_2}\dfrac{\partial^2 u_G}{\partial \theta^2}\right) \\[2mm]
\kappa_2 = \dfrac{1}{(R+e_2)^2}\left(w_G + \dfrac{\partial^2 w_G}{\partial \theta^2}\right)
\end{cases}
\tag{2.81}
$$

其中, κ_1 为环向加强筋平面外弯曲曲率变化, κ_2 为环向加强筋圆平面内弯曲曲率变化。

将 (2.80) 式代入 (2.81) 式, 可得

$$
\begin{cases}
\gamma = \dfrac{1}{R+e_2}\left[\dfrac{\partial^2 w}{\partial x \partial \theta} + \dfrac{1}{R+e_2}\left(\dfrac{\partial u}{\partial \theta} - e_2\dfrac{\partial^2 w}{\partial x \partial \theta}\right)\right] \\[2mm]
e_G = \dfrac{1}{R+e_2}\left[\left(\dfrac{\partial v}{\partial \theta} + w\right) + \dfrac{e_2}{R}\left(\dfrac{\partial v}{\partial \theta} - \dfrac{\partial^2 w}{\partial \theta^2}\right)\right] \\[2mm]
\kappa_1 = \dfrac{1}{R+e_2}\left[-\dfrac{\partial w}{\partial x} + \dfrac{1}{R+e_2}\left(\dfrac{\partial^2 u}{\partial \theta^2} - e_2\dfrac{\partial^3 w}{\partial \theta^2 \partial x}\right)\right] \\[2mm]
\kappa_2 = \dfrac{1}{(R+e_2)^2}\left(w + \dfrac{\partial^2 w}{\partial \theta^2}\right)
\end{cases}
\tag{2.82}
$$

环向加强筋的动能包括三个方向的位移动能和一个对环向加强筋轴线的扭转动能。则对于第 r 根环向加强筋, $x = x_r$, 其动能为

$$
T_r = \frac{\rho_r}{2}\left[A_2\int_0^s \left(\dot{u}_G^2 + \dot{v}_G^2 + \dot{w}_G^2\right)\big|_{x=x_r}\mathrm{d}s + I_p\int_0^s \dot{\alpha}^2\big|_{x=x_r}\mathrm{d}s\right]
\tag{2.83}
$$

其中, ρ_r 是环向加强筋材料的密度, A_2 是环向加强筋的截面积, I_p 是环向加强筋截面的转动惯量, $\displaystyle\int_0^s$ 表示沿环向加强筋周长积分。

$x = x_r$ 处的环向加强筋的应变势能为

$$V_r = \frac{1}{2} \int_0^s E_r I_z \kappa_1^2 \mathrm{d}s + \frac{1}{2} \int_0^s E_r I_x \kappa_2^2 \mathrm{d}s + \frac{1}{2} \int_0^s E_r A_2 e_G^2 \mathrm{d}s + \frac{1}{2} \int_0^s G_r J \gamma^2 \mathrm{d}s \quad (2.84)$$

式中，E_r 为环向加强筋材料的杨氏模量，G_r 为环向加强筋材料的剪切模量，I_z 和 I_x 分别为环向加强筋截面对法向和轴向的弯曲惯性矩，J 为环向加强筋截面的扭转惯性矩。

如果环向加强筋的截面形状不是矩形 (比如 T 形、L 形、工形等)，此时近似认为截面的质心与剪切中心重合，则上述的计算过程依然适用。

3. 静水压的虚功及其广义力

根据文献 [8]，壳体在静水压强 p_0 作用下的外力功 A_{p_0} 为

$$A_{p_0} = \int_0^{2\pi} \int_{-L/2}^{L/2} p_0 w R \mathrm{d}\theta \mathrm{d}x + \int_0^{2\pi} \frac{p_0 R}{2} u \bigg|_{x=L/2}^{x=-L/2} R \mathrm{d}\theta$$
$$+ \int_0^{2\pi} \int_{-L/2}^{L/2} \left[-\frac{p_0}{R} \left(w + \frac{\partial^2 w}{\partial \theta^2} \right) - \frac{p_0 R}{2} \frac{\partial^2 w}{\partial x^2} \right] w R \mathrm{d}\theta \mathrm{d}x \quad (2.85)$$

外力虚功等于广义力乘上相应的广义虚位移，即

$$\delta(A_{p_0})_{q_{mn}} = (p_0)_{q_{mn}} \cdot \delta q_{mn} \quad (2.86)$$

式中，q_{mn} 为广义坐标。

4. 流固耦合方程的推导

如图 2.16 所示，两端简支的环向均匀加筋圆柱壳模型浸没在无界的理想声介质中，且两端延伸有无限长的刚性声障柱 (与加筋圆柱壳直径相同，不与加筋圆柱壳连接，是为了解析求解人为设定的刚性固定的声场边界条件)。做谐响应分析，时间因子为 $\mathrm{e}^{-\mathrm{i}\omega t}$，$\omega$ 为角频率，t 为时间。在下面的分析中略去时间因子。为简化理论推导，考虑外载荷是左右舷对称激励的情况 (即结构振动也是左右舷对称的)，则该加筋圆柱壳的振动形态可以表示为

$$\begin{cases} u(x, \theta, t) = \sum_{m=0}^{M} \sum_{n=0}^{N} \bar{C}_{mn}(t) \cos n\theta \cos \left(\frac{m\pi x}{L} + \frac{m\pi}{2} \right) \\ v(x, \theta, t) = \sum_{m=0}^{M} \sum_{n=0}^{N} \bar{B}_{mn}(t) \sin n\theta \sin \left(\frac{m\pi x}{L} + \frac{m\pi}{2} \right) \\ w(x, \theta, t) = \sum_{m=0}^{M} \sum_{n=0}^{N} \bar{A}_{mn}(t) \cos n\theta \sin \left(\frac{m\pi x}{L} + \frac{m\pi}{2} \right) \end{cases} \quad (2.87)$$

式中，$\bar{C}_{mn}(t)$、$\bar{B}_{mn}(t)$ 和 $\bar{A}_{mn}(t)$ 为广义坐标，且

$$
\begin{cases}
\bar{C}_{mn}(t) = \mathrm{e}^{-\mathrm{i}\omega t} U_{mn} \\
\bar{B}_{mn}(t) = \mathrm{e}^{-\mathrm{i}\omega t} V_{mn} \\
\bar{A}_{mn}(t) = \mathrm{e}^{-\mathrm{i}\omega t} W_{mn}
\end{cases}
\tag{2.88}
$$

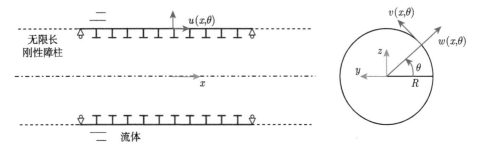

图 2.16　单层环向加筋圆柱壳解析计算模型

当 $M \to \infty, N \to \infty$ 时，(2.87) 式表示的振动形态是严格完备的。当 $n = 0$ 时，取 $\bar{B}_{mn}(t)$ 和 V_{mn} 为常量 0。

将 (2.87) 式代入 (2.78) 式可得圆柱壳体的动能为

$$
T_s = \frac{\rho_s \pi h R L}{2} \sum_{n=0}^{N} \varepsilon_n \dot{\bar{C}}_{0n}^2 + \frac{\rho_s \pi h R L}{4} \sum_{m=1}^{M} \sum_{n=0}^{N} \varepsilon_n \left(\dot{\bar{A}}_{mn}^2 + \dot{\bar{B}}_{mn}^2 + \dot{\bar{C}}_{mn}^2 \right)
\tag{2.89}
$$

式中，$\varepsilon_n = \begin{cases} 2, & n = 0 \\ 1, & n > 0 \end{cases}$。

将 (2.87) 式代入 (2.77) 式，再代入 (2.79) 式，可得壳体的应变势能为

$$
\begin{aligned}
V_s = {} & \frac{\pi E h L}{4(1+\sigma)R} \sum_{n=0}^{N} n^2 \bar{C}_{0n}^2 + \frac{\pi E h R L}{4(1-\sigma^2)} \sum_{m=1}^{M} \sum_{n=0}^{N} \varepsilon_n \left\{ \left(\frac{1}{R}\bar{A}_{mn} + \frac{n}{R}\bar{B}_{mn} - \frac{m\pi}{L}\bar{C}_{mn} \right)^2 \right. \\
& + 2(1-\sigma) \left[\frac{m\pi}{L}\bar{C}_{mn} \left(\frac{1}{R}\bar{A}_{mn} + \frac{n}{R}\bar{B}_{mn} \right) \right] + \frac{1}{4} \left. \left(\frac{m\pi}{L}\bar{B}_{mn} - \frac{n}{R}\bar{C}_{mn} \right)^2 \right\} \\
& + \frac{\pi E h^3 R L}{48(1-\sigma^2)} \sum_{m=1}^{M} \sum_{n=0}^{N} \varepsilon_n \left\{ \left[-\left(\frac{m^2\pi^2}{L^2} + \frac{n^2}{R^2} \right) \bar{A}_{mn} - \frac{n}{R^2}\bar{B}_{mn} \right]^2 \right. \\
& - 2(1-\sigma) \left[\frac{m^2\pi^2}{R^2 L^2} \bar{B}_{mn}(-n\bar{A}_{mn} - \bar{B}_{mn}) \right] \biggr\}
\end{aligned}
\tag{2.90}
$$

将 (2.87) 式代入 (2.80) 式，再代入 (2.83) 式，可得 $x = x_r$ 处的环向加强筋的动能为

$$
T_r = \frac{\rho_r \pi A_2 (R + e_2)}{2} \left\{ \sum_{\alpha=1}^{M} \sum_{\beta=1}^{M} \sum_{n=0}^{N} \varepsilon_n \left[\left(1 + \frac{e_2}{R} \right)^2 \dot{\bar{B}}_{\alpha n} \dot{\bar{B}}_{\beta n} \right. \right.
$$

$$+ \frac{e_2^2 n^2}{R^2} \dot{\bar{A}}_{\alpha n} \dot{\bar{A}}_{\beta n} + \frac{e_2 n}{R} \left(1 + \frac{e_2}{R} \right) \dot{\bar{A}}_{\beta n} \dot{\bar{B}}_{\alpha n}$$

$$+ \frac{e_2 n}{R} \left(1 + \frac{e_2}{R} \right) \dot{\bar{A}}_{\alpha n} \dot{\bar{B}}_{\beta n} + \dot{\bar{A}}_{\beta n} \dot{\bar{A}}_{\alpha n} \Bigg] \sin \left(\frac{\alpha \pi x_r}{L} + \frac{\alpha \pi}{2} \right) \sin \left(\frac{\beta \pi x_r}{L} + \frac{\beta \pi}{2} \right)$$

$$+ \sum_{\alpha=0}^{M} \sum_{\beta=0}^{M} \sum_{n=0}^{N} \varepsilon_n \left(\dot{\bar{C}}_{\alpha n} \dot{\bar{C}}_{\beta n} + \frac{e_2^2 \pi^2 \alpha \beta}{L^2} \dot{\bar{A}}_{\alpha n} \dot{\bar{A}}_{\beta n} - \frac{e_2 \pi \beta}{L} \dot{\bar{A}}_{\beta n} \dot{\bar{C}}_{\alpha n} - \frac{e_2 \pi \alpha}{L} \dot{\bar{A}}_{\alpha n} \dot{\bar{C}}_{\beta n} \right)$$

$$\times \cos \left(\frac{\alpha \pi x_r}{L} + \frac{\alpha \pi}{2} \right) \cos \left(\frac{\beta \pi x_r}{L} + \frac{\beta \pi}{2} \right) \Bigg\}$$

$$+ \frac{\rho_r \pi I_p (R + e_2)}{2} \Bigg[\sum_{\alpha=1}^{M} \sum_{\beta=1}^{M} \sum_{n=0}^{N} \varepsilon_n \frac{\pi^2 \alpha \beta}{L^2} \dot{\bar{A}}_{\alpha n} \dot{\bar{A}}_{\beta n} \cos \left(\frac{\alpha \pi x_r}{L} + \frac{\alpha \pi}{2} \right)$$

$$\times \cos \left(\frac{\beta \pi x_r}{L} + \frac{\beta \pi}{2} \right) \Bigg] \tag{2.91}$$

将 (2.87) 式代入 (2.82) 式, 再代入 (2.84) 式, 可得 $x = x_r$ 处的环向加强筋的应变势能为

$$V_r = \frac{\pi E_r I_z}{2(R + e_2)^3} \sum_{\alpha=0}^{M} \sum_{\beta=0}^{M} \sum_{n=0}^{N} \varepsilon_n \left[(R + e_2 - n^2 e_2) \frac{\beta \pi}{L} \bar{A}_{\beta n} + n^2 \bar{C}_{\beta n} \right]$$

$$\times \left[(R + e_2 - n^2 e_2) \frac{\alpha \pi}{L} \bar{A}_{\alpha n} + n^2 \bar{C}_{\alpha n} \right] \cos \left(\frac{\alpha \pi x_r}{L} + \frac{\alpha \pi}{2} \right) \cos \left(\frac{\beta \pi x_r}{L} + \frac{\beta \pi}{2} \right)$$

$$+ \frac{\pi E_r I_x}{2(R + e_2)^3} \sum_{\alpha=1}^{M} \sum_{\beta=1}^{M} \sum_{n=0}^{N} \varepsilon_n (1 - n^2)^2 \bar{A}_{\alpha n} \bar{A}_{\beta n} \sin \left(\frac{\alpha \pi x_r}{L} + \frac{\alpha \pi}{2} \right) \sin \left(\frac{\beta \pi x_r}{L} + \frac{\beta \pi}{2} \right)$$

$$+ \frac{\pi E_r A_2}{2(R + e_2)} \sum_{\alpha=1}^{M} \sum_{\beta=1}^{M} \sum_{n=0}^{N} \varepsilon_n \left[\left(1 + \frac{e_2 n^2}{R} \right) \bar{A}_{\alpha n} + \left(1 + \frac{e_2}{R} \right) n \bar{B}_{\alpha n} \right]$$

$$\times \left[\left(1 + \frac{e_2 n^2}{R} \right) \bar{A}_{\beta n} + \left(1 + \frac{e_2}{R} \right) n \bar{B}_{\beta n} \right] \sin \left(\frac{\alpha \pi x_r}{L} + \frac{\alpha \pi}{2} \right) \sin \left(\frac{\beta \pi x_r}{L} + \frac{\beta \pi}{2} \right)$$

$$+ \frac{G_r J \pi}{2(R + e_2)^3} \sum_{\alpha=0}^{M} \sum_{\beta=0}^{M} \sum_{n=0}^{N} \left(n \bar{C}_{\alpha n} + \frac{\pi \alpha n R}{L} \bar{A}_{\alpha n} \right) \left(n \bar{C}_{\beta n} + \frac{\pi \beta n R}{L} \bar{A}_{\beta n} \right)$$

$$\times \cos \left(\frac{\alpha \pi x_r}{L} + \frac{\alpha \pi}{2} \right) \cos \left(\frac{\beta \pi x_r}{L} + \frac{\beta \pi}{2} \right) \tag{2.92}$$

将 (2.87) 式代入 (2.85) 式, 再代入 (2.86) 式, 可得由静水压引起的广义力为

$$(p_0)_{\bar{A}_{mn}} = \frac{\varepsilon_n \pi p_0 L}{2} \bar{A}_{mn} \left(n^2 + \frac{\pi^2 R^2 m^2}{2L^2} - 1 \right) \tag{2.93}$$

下面分析流体动负载对应的广义力。

略去简谐时间因子 $e^{-i\omega t}$，在波数域内表示圆柱壳的表面声压及法向振动位移：

$$p(x,\theta) = \sum_{n=0}^{N} \frac{1}{2\pi} \int_{-\infty}^{\infty} \tilde{p}_n(k) e^{ikx} dk \cos n\theta \tag{2.94}$$

$$w(x,\theta) = \sum_{n=0}^{N} \frac{1}{2\pi} \int_{-\infty}^{\infty} \tilde{w}_n(k) e^{ikx} dk \cos n\theta \tag{2.95}$$

与 (2.19) 式相同，可推导出如下关系：

$$\tilde{p}_n(k) = \frac{\rho_0 \omega^2 H_n^{(1)}(\sqrt{k_0^2 - k^2} R)}{\sqrt{k_0^2 - k^2} H_n^{(1)'}(\sqrt{k_0^2 - k^2} R)} \tilde{w}_n(k) \tag{2.96}$$

式中，$H_n^{(1)}(\ )$ 为第一类 n 阶 Hankel 函数；ρ_0 为水的密度；$k_0 = \omega/c_0$ 为水中声波波数，c_0 为水中声速。根据 (2.96) 式及 Hankel 函数的递推关系 $H_n^{(1)'}(\ ) = \frac{n}{x} H_n^{(1)}(\ ) - H_{n+1}^{(1)}(\ )$，可定义波数域中第 n 阶周向波数对应的辐射声阻抗为

$$\tilde{Z}_n(k) = i\omega \rho_0 R \left[n - \sqrt{k_0^2 - k^2} R \frac{H_{n+1}^{(1)}(\sqrt{k_0^2 - k^2} R)}{H_n^{(1)}(\sqrt{k_0^2 - k^2} R)} \right]^{-1} \tag{2.97}$$

其中，$\tilde{p}_n(k) = -i\omega \tilde{Z}_n(k) \tilde{w}_n(k)$。

将 (2.87) 式代入 (2.95) 式，可得

$$\sum_{n=0}^{N} \sum_{m=0}^{M} W_{mn} \cos n\theta \sin\left(\frac{m\pi x}{L} + \frac{m\pi}{2} \right) = \sum_{n=0}^{N} \frac{1}{2\pi} \int_{-\infty}^{\infty} \tilde{w}_n(k) e^{ikx} dk \cos n\theta \tag{2.98}$$

考虑到弹性圆柱壳的两端均是无限长的刚性障柱，由此可得

$$\tilde{w}_n(k) = \sum_{m=0}^{M} W_{mn} \int_{-L/2}^{L/2} \sin\left(\frac{m\pi x}{L} + \frac{m\pi}{2} \right) e^{-ikx} dx \tag{2.99}$$

将 (2.96) 式、(2.99) 式代入 (2.94) 式，可得

$$p(x,\theta) = -i\omega \frac{1}{2\pi} \sum_{n=0}^{N} \sum_{m=0}^{M} \int_{-\infty}^{\infty} \tilde{Z}_n(k) W_{mn}$$

$$\times \left[\int_{-L/2}^{L/2} \sin\left(\frac{m\pi x}{L} + \frac{m\pi}{2} \right) e^{-ikx} dx \right] e^{ikx} \cos n\theta dk \tag{2.100}$$

根据 (2.100) 式可知, 对于每一个广义坐标 $\bar{A}_{mn}$, 声压对应的广义力为

$$
\begin{aligned}
P_{mn} &= \int_0^{2\pi} \int_{-L/2}^{L/2} -p(x,\theta) \cos n\theta \sin\left(\frac{m\pi x}{L} + \frac{m\pi}{2}\right) R \mathrm{d}\theta \mathrm{d}x \\
&= \frac{\mathrm{i}\omega\varepsilon_n R}{2} \int_{-L/2}^{L/2} \sum_{\alpha=0}^{M} \left\{ \int_{-\infty}^{\infty} \tilde{Z}_n(k) W_{mn} \left[\int_{-L/2}^{L/2} \sin\left(\frac{\alpha\pi x}{L} + \frac{\alpha\pi}{2}\right) \mathrm{e}^{-\mathrm{i}kx} \mathrm{d}x \right] \mathrm{e}^{\mathrm{i}kx} \mathrm{d}k \right\} \\
&\quad \times \sin\left(\frac{m\pi x}{L} + \frac{m\pi}{2}\right) \mathrm{d}x
\end{aligned}
\tag{2.101}
$$

根据 (2.101) 式可得流体的广义附连水质量 (包括实部和虚部, 其中虚部与附连水阻尼相对应) 为

$$
\begin{aligned}
G_{\alpha mn} = &-\varepsilon_n \pi R \int_{-L/2}^{L/2} \left\{ \frac{1}{2\pi} \int_{-\infty}^{\infty} \frac{\tilde{Z}_n(k)}{\mathrm{i}\omega} \left[\int_{-L/2}^{L/2} \sin\left(\frac{\alpha\pi x}{L} + \frac{\alpha\pi}{2}\right) \mathrm{e}^{-\mathrm{i}kx} \mathrm{d}x \right] \mathrm{e}^{\mathrm{i}kx} \mathrm{d}k \right\} \\
&\times \sin\left(\frac{m\pi x}{L} + \frac{m\pi}{2}\right) \mathrm{d}x
\end{aligned}
\tag{2.102}
$$

采用快速 Fourier 变换 (FFT) 的方法求解 (2.102) 式 [9], 可大幅度提高计算效率。

下面分析外载荷对应的广义力。设外载荷为点集中力 $F = F_0 \mathrm{e}^{-\mathrm{i}\omega t}$, 沿法线方向作用在壳体表面, 作用点轴向坐标为 x_0, 周向坐标为 $\theta = 0$。可得对应各广义坐标下的广义力为

$$
F_{mn} = F_0 \sin\left(\frac{m\pi x_0}{L} + \frac{m\pi}{2}\right)
\tag{2.103}
$$

对环向加强筋间距为 d_2 的等间距分布情况, 系统总动能为

$$
T = T_s + \sum_{r=1}^{N_r} T_r|_{x_r = -L/2 + r d_2}
\tag{2.104}
$$

系统总应变势能为

$$
V = V_s + \sum_{r=1}^{N_r} V_r|_{x_r = -L/2 + r d_2}
\tag{2.105}
$$

两式中, N_r 为环向加强筋的数目。

分析力学中, 拉格朗日方程有如下形式:

$$
\frac{\mathrm{d}}{\mathrm{d}t}\left(\frac{\partial T}{\partial \dot{q}_{mn}}\right) - \frac{\partial T}{\partial q_{mn}} + \frac{\partial V}{\partial q_{mn}} = F_{mn}^G
\tag{2.106}
$$

其中, F_{mn}^G 是对应广义坐标 q_{mn} 的广义力, 此处 F_{mn}^G 包括外激励对应的广义力、静水压对应的广义力及流体负载对应的广义力。在下面的处理中, 将静水压的作用

移到刚度矩阵中, 将流体负载的作用移到质量矩阵中; 将结构材料的杨氏模量设成复数, 计入结构阻尼损耗的影响。

根据 (2.106) 式可得各周向波数解耦的矩阵形式的流固耦合动力学方程:

$$-\omega^2 \begin{pmatrix} [a_{\alpha m}] & [b_{\alpha m}] & [c_{\alpha m}] \\ [d_{\alpha m}] & [e_{\alpha m}] & [f_{\alpha m}] \\ [g_{\alpha m}] & [h_{\alpha m}] & [k_{\alpha m}] \end{pmatrix} \{q_n\} + \begin{pmatrix} [a'_{\alpha m}] & [b'_{\alpha m}] & [c'_{\alpha m}] \\ [d'_{\alpha m}] & [e'_{\alpha m}] & [f'_{\alpha m}] \\ [g'_{\alpha m}] & [h'_{\alpha m}] & [k'_{\alpha m}] \end{pmatrix} \{q_n\} = \{F_n\}$$

$$(2.107)$$

式中, $\alpha, m = 0, 1, \cdots, M$, 矩阵中的各元素表达式参见附录 2.C; $\{q_n\}$ 和 $\{F_n\}$ 分别为广义坐标列向量和广义激励力列向量:

$$\{q_n\} = \{W_{0n}, \cdots, W_{Mn}, V_{0n}, \cdots, V_{Mn}, U_{0n}, \cdots, U_{Mn}\}^{\mathrm{T}} \tag{2.108}$$

$$\{F_n\} = \left\{0, \cdots, F_0 \sin\left(\frac{M\pi x_0}{L} + \frac{M\pi}{2}\right), 0, \cdots, 0, 0, \cdots, 0\right\}^{\mathrm{T}} \tag{2.109}$$

通过方程 (2.107) 可以看出: 加筋圆柱壳结构的流固耦合作用体现在质量矩阵元素 $a_{\alpha m}$ 中的 $G_{\alpha mn}$; 结构在不同潜深下所受静水压的作用体现在刚度矩阵元素 $a'_{\alpha\alpha}$ 中的 $\frac{\pi p_0 L}{2}\left(1 - n^2 - \frac{\pi^2 R^2 \alpha^2}{2L^2}\right)$。

2.4.2　加筋圆柱壳结构动态特性分析

进行加筋圆柱壳结构的动态特性分析时, 一般主要关注不同周向波数下的第一阶湿模态, 因为这些湿模态的谐振频率相对较低, 而声辐射效率又相对较高。通过 2.4.1 节建立的分析求解方法, 下面我们将详细讨论结构尺寸、静水压强等因素对加筋圆柱壳结构动态特性的影响。

1. 湿模态计算方法

研究静水压作用下的加筋圆柱壳结构湿模态问题, 必须先处理静水压屈曲问题。根据 (2.107) 式可得屈曲方程:

$$\begin{pmatrix} [a'_{\alpha m}] & [b'_{\alpha m}] & [c'_{\alpha m}] \\ [d'_{\alpha m}] & [e'_{\alpha m}] & [f'_{\alpha m}] \\ [g'_{\alpha m}] & [h'_{\alpha m}] & [k'_{\alpha m}] \end{pmatrix} \{q_n\} = \{0\} \tag{2.110}$$

对每一个给定的 n 值 $(n = 0, 1, \cdots, N)$ 求一个最小特征值, 然后比较这 N 个最小特征值, 取其中的最小值, 就是屈曲临界载荷 (静水压), 相应的特征向量为屈曲型。

广义位移列向量 $\{q_n\}$ 也可以写成子矩阵的形式:

$$\{q_n\} = \begin{pmatrix} \{X\} \\ \{Y\} \\ \{Z\} \end{pmatrix} \tag{2.111}$$

由于 (2.110) 式中除 $[a'_{\alpha m}]$ 子矩阵包含静水压强 p_0 外, 其余子矩阵均与 p_0 无关, 故可以通过如下的矩阵运算, 使矩阵方程 (2.110) 变换为

$$[a'_{\alpha m}]\{X\} + [V]\{X\} = \{0\} \tag{2.112}$$

其中,

$$[V] = [b'_{\alpha m}][T]^{-1}[S] + [c'_{\alpha m}][I]^{-1}[L]$$

$$[T] = [h'_{\alpha m}] - [k'_{\alpha m}][f'_{\alpha m}]^{-1}[e'_{\alpha m}]$$

$$[S] = [k'_{\alpha m}][f'_{\alpha m}]^{-1}[d'_{\alpha m}] - [g'_{\alpha m}]$$

$$[I] = [f'_{\alpha m}] - [e'_{\alpha m}][h'_{\alpha m}]^{-1}[k'_{\alpha m}]$$

$$[L] = [e'_{\alpha m}][h'_{\alpha m}]^{-1}[g'_{\alpha m}] - [d'_{\alpha m}]$$

注意: (2.110) 式中的子矩阵 $[a'_{\alpha m}]$ 的主对角元素包含静水压强 p_0 项, 其余所有子矩阵均不包含静水压强 p_0 项。因此, 方程 (2.112) 可以改写成

$$([a'_{0\alpha m}] + [V]) \{X\} = -p_0[\lambda]\{X\} \tag{2.113}$$

其中, $[a'_{0\alpha m}]$ 为矩阵 $[a'_{\alpha m}]$ 减掉静水压强 p_0 项, $[\lambda]$ 为主对角线矩阵, 其元素的表达式为

$$\lambda_{\alpha\alpha} = \frac{\varepsilon_n \delta_{\alpha\alpha} \pi L}{2} \left(1 - n^2 - \frac{\pi^2 R^2 \alpha^2}{2L^2} \right) \tag{2.114}$$

(2.113) 式可进一步变换为

$$[W]\{X\} = -\frac{1}{p_0}\{X\} \tag{2.115}$$

其中, $[W] = ([a'_{0\alpha m}] + [V])^{-1} [\lambda]$。

方程 (2.115) 即是用于求解静水压屈曲临界载荷的特征方程, 利用迭代法可以求解出最小临界载荷 p_0, 其相应的特征向量就是屈曲型。

在计算结构的湿固有频率时, 在 (2.102) 式中取广义附连水质量 $G_{\alpha m n}$ 的实部, 同时为简化计算可忽略不同正弦函数形态的交叉耦合项, 即认为 $G_{\alpha m n} = 0$ ($\alpha \neq$

m)。由此可得出结构的湿模态求解方程：

$$-\omega^2 \begin{pmatrix} [\gamma_{\alpha m}] & [b_{\alpha m}] & [c_{\alpha m}] \\ [d_{\alpha m}] & [e_{\alpha m}] & [f_{\alpha m}] \\ [g_{\alpha m}] & [h_{\alpha m}] & [k_{\alpha m}] \end{pmatrix} \{q_n\} + \begin{pmatrix} [a'_{\alpha m}] & [b'_{\alpha m}] & [c'_{\alpha m}] \\ [d'_{\alpha m}] & [e'_{\alpha m}] & [f'_{\alpha m}] \\ [g'_{\alpha m}] & [h'_{\alpha m}] & [k'_{\alpha m}] \end{pmatrix} \{q_n\} = 0 \quad (2.116)$$

其中，

$$\begin{aligned} \gamma_{\alpha m} =& \varepsilon_n \left\{ \delta_{\alpha m} \frac{M_s}{4} + \frac{M_r}{2} \sum_{r=1}^{N_r} \left[\left(\frac{e_2^2 n^2}{R^2} + 1 \right) \sin \left(\frac{\alpha \pi x_r}{L} + \frac{\alpha \pi}{2} \right) \sin \left(\frac{m \pi x_r}{L} + \frac{m \pi}{2} \right) \right. \right. \\ & \times \left. \frac{e_2^2 \pi^2 \alpha m}{L^2} \cos \left(\frac{\alpha \pi x_r}{L} + \frac{\alpha \pi}{2} \right) \cos \left(\frac{m \pi x_r}{L} + \frac{m \pi}{2} \right) \right] \\ & + \rho_r \pi I_p (R + e_2) \sum_{r=1}^{N_r} \left[\frac{\alpha m \pi^2}{L^2} \cos \left(\frac{\alpha \pi x_r}{L} + \frac{\alpha \pi}{2} \right) \cos \left(\frac{m \pi x_r}{L} + \frac{m \pi}{2} \right) \right] \right\} \\ & + \mathrm{Re}(G_{\alpha m n}) \end{aligned}$$

$\mathrm{Re}(G_{\alpha m n})$ 表示取 $G_{\alpha m n}$ 的实部；其余子矩阵中的元素同 (2.107) 式。

通过求解 (2.116) 式可得结构湿固有频率及对应的湿振型。

2. 计算方法及计算程序正确性的验证算例

先从干固有频率的角度对计算方法和计算程序进行验证。环向加强筋的结构形式和尺寸如图 2.17 所示。假设圆柱壳体的材料与环向加强筋的材料相同，采用文献 [10] 中的参数：杨氏模量 $E = 2.06 \times 10^{11} \mathrm{N/m}^2$，材料密度 $\rho_s = 7850 \mathrm{kg/m}^3$，泊松比 $\sigma = 0.3$，圆柱壳半径 $R = 10.37 \mathrm{cm}$，圆壳体长度 $L = 47.09 \mathrm{cm}$，圆壳体厚度 $h = 0.119 \mathrm{cm}$，环向加强筋数目 $N_r = 14$，环向加强筋间距 $l = 3.14 \mathrm{cm}$，环向加强筋宽度 $b = 0.218 \mathrm{cm}$，分别选取 $0.291 \mathrm{cm}$、$0.582 \mathrm{cm}$ 和 $0.873 \mathrm{cm}$ 三种环向加强筋的高度参数进行计算。计算所得结果见表 2.3，只列出每个周向波数下的第一个模态。由于环向加强筋的存在，不同轴向半波数模态之间相互耦合，每个周向波数下的第一个模态的振型在环向加强筋之间存在起伏的波纹，如图 2.18 所示。

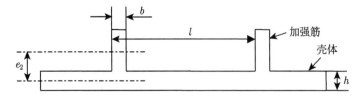

图 2.17 环向加强筋尺寸示意图

由表 2.3 所列出的计算结果可见；采用本节中所述的解析计算方法 (解析能量法) 及相应的计算程序可以正确求解环向加筋圆柱壳的振动特性。

2.4 两端简支的环向均匀加筋圆柱壳声辐射计算方法 · 41 ·

表 2.3　环向加筋圆柱壳干固有角频率计算结果　　　　　　(单位: rad/s)

加强筋高度/cm	n	外筋							对称筋					内筋		
		(a)	(b)	(c)	(d)	(e)	(f)	(g)	(h)	(i)	(j)	(k)	(l)	(m)	(n)	(o)
0.873	2	5093	4935	5040	4855	4740	4731	4727	4432	4469	4467	4378	4374	5934	5474	5272
	3	10047	9715	10330	9500	8475	8494	8638	6780	6627	6773	6651	6651	12774	10550	10449
	4	19098	18596	20200	18010	15310	15287	15696	12557	12201	12378	12154	12160	24081	19689	19686
	5	30920	30158	31800	25570	23020	26898	23793	20256	19657	19553	19221	19266	38856	31681	31277
0.582	2	4561	4490	4580	4450	4425	4417	4355	4296	4340	4329	4236	4217	4894	4811	4628
	3	6543	6380	6710	6235	5870	5875	5904	4627	4588	4687	4615	4585	7763	6903	6786
	4	12110	11919	12830	11790	10530	10512	10651	8076	7939	8118	7982	7946	14552	12454	12375
	5	19568	19326	20120	19020	16340	17310	16629	12947	12703	12887	12660	12626	23410	19947	19818
0.291	2	4440	4426	4550	4470	4420	4398	4296	4400	4427	4423	4314	4287	4519	4545	4388
	3	3692	3632	3870	3655	3560	3550	3513	3143	3145	3186	3173	3104	4036	3911	3825
	4	5928	5884	6550	5950	5640	5686	5608	4509	4473	4574	4565	4472	6515	6130	6062
	5	9432	9408	10000	9510	8880	8847	8848	7028	6954	7106	7058	6954	10447	9618	9545

注: (a) 变形位移协调法外筋 [10]　　　(f) Harari 和 Baron [14]　　(l) 本节所用解析能量法

　　(b) 各向异性直接法外筋 [10]　　(g) 本节所用解析能量法　　(m) 变形位移协调法内筋 [10]

　　(c) Basdekas 和 Chi[11]　　　(h) 变形位移协调法对称筋 [10] (n) 各向异性直接法内筋 [10]

　　(d) Galletly [12]　　　　　(i) 各向异性直接法对称筋 [10] (o) 本节所用解析能量法

　　(e), (j) Al-Najafi 和 Warburton [13]　(k) Wah 和 Hu [15]

图 2.18　壳体振型示意图

3. 环向加强筋间距对结构湿固有频率影响的计算分析

设结构材料参数为: 杨氏模量 $E = 2.1 \times 10^{11} \mathrm{N/m}^2$, 密度 $\rho_s = 7800 \mathrm{kg/m}^3$, 泊松比 $\sigma = 0.3$; 圆柱壳半径 $R = 1\mathrm{m}$, 圆柱壳长度 $L = 3\mathrm{m}$, 圆壳体厚度 $h = 10\mathrm{mm}$; 均匀分布的 ⊥ 型内环向加强筋的尺寸为 $\dfrac{5\mathrm{mm} \times 70\mathrm{mm}}{8\mathrm{mm} \times 26\mathrm{mm}}$, 计算取不同环向加强筋数量 (即不同的环向加强筋间距) 时的结构湿固有频率。设水介质参数为: 密度 $1025\mathrm{kg/m}^3$, 声速 $1500\mathrm{m/s}$, 不计静水压强的影响 $(p_0 = 0)$。

图 2.19 给出的是各周向波数下的第一个模态湿固有频率结果。

从图 2.19 可以看出, 随着环向加强筋数量的增加, 加筋圆柱壳湿固有频率也升高; 周向波数越大, 湿固有频率的升高速度越快。在图 2.19 所示的四个周向波数中, $n = 2$ 对应的模态的声辐射效率最高, 这就要求在结构设计时考虑避免引起 $n = 2$ 的湿模态的共振。在本算例中, 周向波数为 2 的模态的湿固有频率对环向加强筋数量的变化很不敏感 (灵敏度差)。这说明在实际工程中试图通过改变环向加强筋的数量来改变加筋圆柱壳特定模态的湿固有频率，首先需要进行相关的灵敏度分析，对于有些模态，该方法是不可行的。

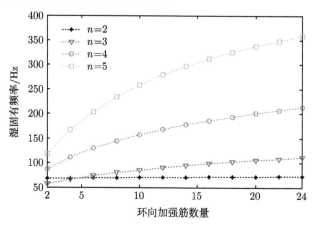

图 2.19　环向加强筋数量变化对加筋圆柱壳湿固有频率的影响

4. 环向加强筋刚度对结构湿固有频率影响的计算分析

改变环向加强筋的尺寸来考察加筋圆柱壳结构湿固有频率的变化情况，其余参数同本小节第 3 部分 (取环向加强筋的数量为 14)。为了分析方便，只从环向加强筋根部增加其腹板高度 (以原高度为基准做归一化处理)。图 2.20 给出的是各周向波数下的第一个模态湿固有频率结果。可见，随着环向加强筋腹板高度增加，其湿固有频率升高，这是由于环向加强筋的刚度加大了；周向波数越大，湿固有频率升高速度越快。周向波数 $n=2$ 对应的湿固有频率对环向加强筋刚度的改变的灵敏

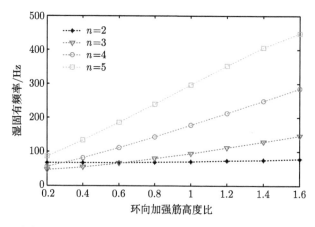

图 2.20　环向加强筋腹板高度变化对加筋圆柱壳第一个模态湿固有频率的影响

度较差, 试图通过改变环向加强筋刚度来改变该模型周向波数 $n=2$ 对应的湿固有频率是不可行的。

5. 圆柱壳厚度对结构湿固有频率影响的计算分析

计算在圆柱壳厚度取不同量值的情况下 (以原壳体厚度为基准做归一化处理, 取环向加强筋的数量为 14, 其余参数同本小节第 3 部分) 加筋圆柱壳结构湿固有频率的变化, 以此进一步分析壳体厚度与结构湿固有频率之间的关系。图 2.21 给出的是各周向波数下的第一个模态湿固有频率结果。可见: 随着壳体厚度的增加, 其湿固有频率升高。相对环向加强筋间距和刚度而言, 周向波数 $n=2$ 对应的湿固有频率对壳体厚度的改变的灵敏度较好, 可以通过适当改变壳体的厚度在一定限度内改变周向波数 $n=2$ 对应的湿固有频率。

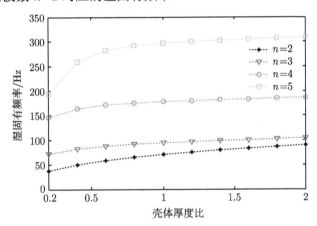

图 2.21 壳体厚度变化对加筋圆柱壳第一个模态湿固有频率的影响

6. 圆柱壳半径对结构湿固有频率影响的计算分析

计算在圆柱壳半径取不同量值的情况下 (以原壳体半径为基准做归一化处理, 取环向加强筋的数量为 14, 其余参数同本小节第 3 部分) 加筋圆柱壳结构湿固有频率的变化, 以此进一步分析壳体半径与结构湿固有频率之间的关系。图 2.22 给出的是各周向波数下的第一个模态湿固有频率结果。可见: 随着壳体半径的增加, 其湿固有频率降低。周向波数 $n=2$ 对应的湿固有频率对壳体半径的改变的灵敏度较差, 通过改变壳体半径来改变周向波数 $n=2$ 对应的湿固有频率是不可行的。

7. 圆柱壳长度对结构湿固有频率影响的计算分析

计算在圆柱壳长度取不同量值的情况下 (以原壳体长度为基准做归一化处理, 取环向加强筋的数量为 14, 其余参数同本小节第 3 部分) 加筋圆柱壳结构湿固有频率的变化, 以此进一步分析壳体长度与结构湿固有频率之间的关系。图 2.23 给

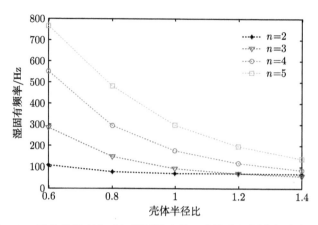

图 2.22　壳体半径变化对加筋圆柱壳第一个模态湿固有频率的影响

出的是各周向波数下的第一个模态湿固有频率结果。可见：随着壳体长度的增加，其湿固有频率降低。周向波数 $n=2$ 对应的湿固有频率对壳体长度的改变的灵敏度较高，可通过适当改变壳体长度来改变周向波数 $n=2$ 对应的湿固有频率。

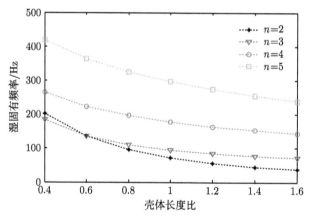

图 2.23　壳体长度变化对加筋圆柱壳第一个模态湿固有频率的影响

8. 加筋圆柱壳结构湿固有频率的估算公式

文献 [8] 中描述了一种根据干固有频率计算对应的湿固有频率的方法，即考虑水介质与壳体耦合效应的自振角频率 Ω_n 与忽略水介质对壳体振动影响的自振角频率 ω_n 之间的关系为

$$\Omega_n^2 \left[1 - \frac{\rho_0 R H_n^{(2)}(\eta_n)}{m_n \eta_n H_n^{(2)'}(\eta_n)} \right] = \omega_n^2 \tag{2.117}$$

其中，$H_n^{(2)}(\ )$ 为第二类 Hankel 函数，$H_n^{(2)'}(\ )$ 为其对宗量的导数，其宗量 η_n 由下

式给出:

$$\eta_n = \Omega_n R / c_0 \tag{2.118}$$

m_n 为广义质量, 其表达式为

$$m_n = \begin{cases} m_s \left(\dfrac{n^2 + 1}{n^2} \right), & n > 0 \\ m_s, & n = 0 \end{cases} \tag{2.119}$$

式中, $m_s = \rho_s h$ 为壳体面板单位面积上的质量。

在静水压下, 无耦合效应的自振频率 ω_n 可由 (2.107) 式 (去掉流体动载荷项和外激励项) 求得, 这里认为是已知的。(2.117) 式是个超越方程, 可用逐次逼近法求解。但是当计算实用意义最大的薄圆柱壳弯曲型最低频率时, ω_n 往往很小, 于是 $\eta_n \ll 1$。根据 Hankel 函数的性质可知, 当 $\eta_n \ll 1$ 时, 有

$$\frac{\mathrm{H}_n^{(2)}(\eta_n)}{\eta_n \mathrm{H}_n^{(2)'}(\eta_n)} \approx -\frac{1}{n}, \quad n > 0 \tag{2.120}$$

将 (2.120) 式代入 (2.117) 式, 可得 $\Omega_n^2 = \omega_n^2 \dfrac{1}{1 + \dfrac{\rho_0 R}{n m_n}}$, 即有

$$\Omega_n = \omega_n \sqrt{\frac{n m_n}{n m_n + \rho_0 R}} \tag{2.121}$$

再将 (2.119) 式代入 (2.121) 式, 可得

$$\Omega_n = \omega_n \sqrt{\frac{(n^2 + 1) m_s}{(n^2 + 1) m_s + n \rho_0 R}}, \quad n > 0 \tag{2.122}$$

壳体在内、外压力和轴压力作用下, 压力的大小对其固有频率存在影响。当周向波数 $n = 1$ 时, 由于壳体作梁式振动, 内压、外压或轴压作用对其固有频率影响不大。对于周向波数 $n > 1$ 的情况, 受到内压时固有频率值升高, 受到外压时固有频率值降低, 受到轴压时固有频率值也降低, 但其降低值远小于壳体受到外压时的频率降低值。文献 [16] 推导出壳体受径向和轴向压力作用时固有角频率与压力变化的近似关系:

$$\omega^2 = \omega_0^2 \left(1 - \frac{q_1}{q_{1E}} - \frac{q_2}{q_{2E}} \right) \tag{2.123}$$

式中, ω_0 为壳体不受压力作用时某振型对应的固有角频率, q_{1E} 和 q_{2E} 分别为各振型下径向和轴向压力的屈曲临界值 (不同的振型是不一样的)。一般情况下, $q_{2E} \gg$

q_{1E}，由此 (2.123) 式可进一步简化为 $\omega^2 \approx \omega_0^2 \left(1 - \dfrac{q_1}{q_{1E}}\right) \approx \omega_0^2 \dfrac{H_{\max} - H}{H_{\max}}$，即有

$$\omega = \omega_0 \sqrt{\frac{H_{\max} - H}{H_{\max}}} \tag{2.124}$$

其中，$H_{\max}$ 表示某振型的屈曲极限潜深，H 为加筋圆柱壳的实际潜深 (静水压强与潜深的关系为 $p_0 = \rho_0 g H$，g 为重力加速度)，极限潜深可由 (2.115) 式得到。

综合 (2.122) 式和 (2.124) 式，可得加筋圆柱壳结构在不同潜深每个周向波数下的第一个湿固有角频率的近似计算公式为

$$\Omega_n = \omega_{n0} \sqrt{\frac{H_{n\max} - H}{H_{n\max}}} \sqrt{\frac{(n^2+1)\rho_s h}{(n^2+1)\rho_s h + n\rho_0 R}}, \quad n > 0 \tag{2.125}$$

其中，ω_{n0} 为对应周向波数 n 的干固有角频率，$H_{n\max}$ 为对应周向波数为 n 的振型的屈曲极限潜深。

(2.124) 式给出了由静水压引起的薄膜预应力对圆柱壳结构固有频率的影响。而 (2.125) 式又计入了附连水质量的动态影响，给出了静水压作用下结构湿固有频率的近似计算公式。采用与本小节第 3 部分相同的参数，取环向加强筋的数量为 14，对描述潜深与固有角频率关系的 (2.124) 式进行验证，实际上就是验证薄膜预应力对圆柱壳结构干固有角频率的影响。结果如图 2.24 所示，统一取每个周向波数下的第一个模态，图中 "近似公式结果" 是指按 (2.124) 式计算的结果，"解析结果" 是指按上述解析能量法严格求解的结果。

从图 2.24 可见，(2.124) 式的精度足够高。对于其他边界条件的加筋圆柱壳，该公式依然适用，只是不同边界条件下的极限潜深是不同的，文献 [16] 中有相关描述。采用相同的结构参数，对 (2.125) 式进行验证，结果如图 2.25 所示。可以看出，两种方法计算得到的湿固有角频率误差基本在 15% 以内。

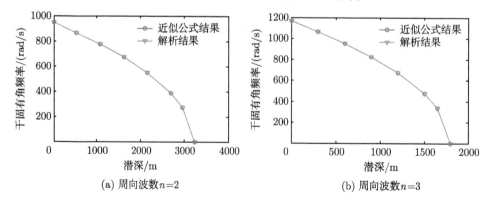

(a) 周向波数 $n=2$　　　　　　　　　　(b) 周向波数 $n=3$

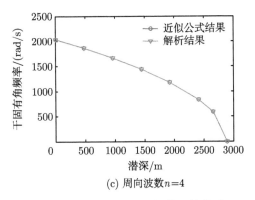

图 2.24 干固有角频率与潜深的关系

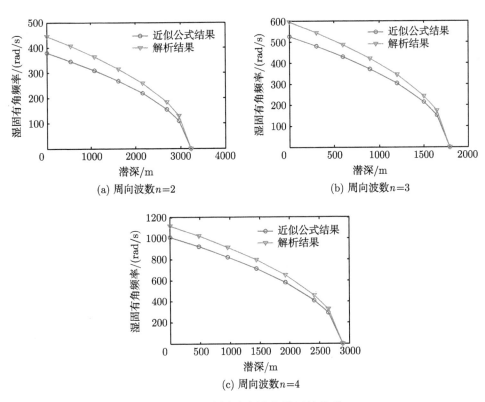

图 2.25 湿固有角频率与潜深的关系

(2.117) 式体现的附连水质量是针对无限长圆柱壳的振型在轴向无波节点时的情况,因此采用近似 (2.125) 式计及两端简支环向加筋圆柱壳的附连水质量的作用时存在一定的偏差。针对两端简支环向加筋圆柱壳,作者通过多个算例的计算分析与结果总结,对 (2.125) 式进行修正,给出如下湿固有角频率的估算公式:

$$\Omega_n = \omega_{n0} \sqrt{\frac{H_{n\max} - H}{H_{n\max}}} \sqrt{\frac{(n^2+1)\rho_s h}{(n^2+1)\rho_s h + n\rho_0 R}} \times \max\{1, 1.2 - 0.024n\}, \quad n > 0$$

$$(2.126)$$

其中，$\max\{\ \}$ 表示取两者之大者。采用与上述相同的模型参数进行计算，验证 (2.126) 式的准确性，结果如图 2.26 所示。可见：两种方法给出的计算结果的吻合度得到了明显的改善。

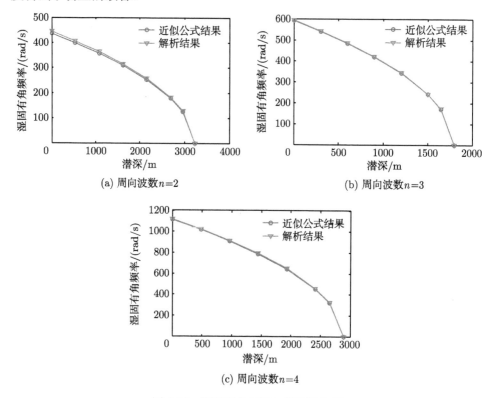

图 2.26　湿固有角频率与潜深的关系

2.4.3　水中声辐射计算

1. 计算公式推导

由 (2.107) 式可求得加筋圆柱壳在法向集中力激励下的主坐标响应，由此可进一步计算流场中的声辐射及壳体表面的振动。

每个周向波数下加筋圆柱壳的振动是解耦的，即每个周向波数下加筋圆柱壳的水中辐射声功率也是解耦的。沿圆柱壳的湿表面进行积分，可推得每个周向波数 n 下的辐射声功率计算公式为

$$P_n(\omega) = \frac{1}{2}\mathrm{Re}\left\{\sum_{m=1}^{M}\sum_{\alpha=1}^{M}\left[(-\mathrm{i}\omega)^2 W_{\alpha n} G_{\alpha m n}(-\mathrm{i}\omega W_{mn})^*\right]\right\} \tag{2.127}$$

式中，"*" 表示取共轭。由各周向波数叠加的总的辐射声功率计算公式为

$$P(\omega) = \sum_{n=0}^{N} P_n(\omega) \tag{2.128}$$

定义由辐射声功率换算出的声源级的计算公式为

$$L_s = 10\log_{10}\left(\frac{P(\omega)}{P_{\mathrm{ref}}}\right) \tag{2.129}$$

其中，基准声功率 $P_{\mathrm{ref}} = \dfrac{4\pi \times 10^{-12}}{\rho_0 c_0}$，单位为 W；声源级 L_s 的单位为 dB。

定义加筋圆柱壳体表面的均方振速为

$$\begin{aligned}
&\langle \dot{w}(x,\theta)\dot{w}^*(x,\theta)\rangle \\
&= \frac{1}{2S}\int_0^{2\pi}\int_{-L/2}^{L/2}\left\{\sum_{n=0}^{N}\sum_{m=1}^{M}\left[-\mathrm{i}\omega W_{mn}\sin\left(\frac{m\pi x}{L}+\frac{m\pi}{2}\right)\cos n\theta\right]\right\} \\
&\quad \times\left\{\sum_{n=0}^{N}\sum_{m=1}^{M}\left[-\mathrm{i}\omega W_{mn}\sin\left(\frac{m\pi x}{L}+\frac{m\pi}{2}\right)\cos n\theta\right]\right\}^* R\mathrm{d}x\mathrm{d}\theta \\
&= \sum_{n=0}^{N}\frac{\varepsilon_n\pi R}{2S}\int_{-L/2}^{L/2}\left\{\sum_{m=1}^{M}\left[-\mathrm{i}\omega W_{mn}\sin\left(\frac{m\pi x}{L}+\frac{m\pi}{2}\right)\right]\right\} \\
&\quad \times\left\{\sum_{m=1}^{M}\left[-\mathrm{i}\omega W_{mn}\sin\left(\frac{m\pi x}{L}+\frac{m\pi}{2}\right)\right]\right\}^* \mathrm{d}x \\
&= \sum_{n=0}^{N}\frac{\varepsilon_n\pi R}{2S}\left[\frac{L}{2}\sum_{m=1}^{M}(-\mathrm{i}\omega W_{mn})(-\mathrm{i}\omega W_{mn})^*\right] \\
&= \frac{1}{8}\sum_{n=0}^{N}\left[\varepsilon_n\sum_{m=1}^{M}(-\mathrm{i}\omega W_{mn})(-\mathrm{i}\omega W_{mn})^*\right]
\end{aligned} \tag{2.130}$$

其中，S 为壳体湿表面面积，$\varepsilon_n = \begin{cases} 2, & n=0 \\ 1, & n>0 \end{cases}$。

将加筋圆柱壳表面振动的均方振速级 (单位为 dB) 定义为

$$L_v = 10\log_{10}\left(\frac{\rho_0 c_0 S\langle \dot{w}(x,\theta)\dot{w}^*(x,\theta)\rangle}{P_{\mathrm{ref}}}\right) \tag{2.131}$$

相应地将声辐射效率定义为

$$\Theta(\omega) = \frac{P(\omega)}{\rho_0 c_0 S\langle \dot{w}(x,\theta)\dot{w}^*(x,\theta)\rangle} \tag{2.132}$$

2. 计算实例及结果分析

取环向加强筋的数量为 14，结构阻尼损耗因子为 0.02，其余参数同 2.4.2 节第 3 部分。简谐激励力沿壳体法向作用在圆柱壳表面，激励点位于圆柱壳中部，即激励点的轴向坐标为 $x_0 = 0$，周向坐标为 $\theta = 0$，激励力幅值为 $\sqrt{2}$N(即有效值为 1N)。计算加筋圆柱壳在不同潜深 (即不同静水压) 情况下的声源级、均方振速级和声辐射效率。通过试算验证：在本算例中计算频率范围为 10~1000Hz，取周向截断波数 N=15、轴向截断半波数 M=40 可保证足够的收敛精度。需要说明的是，为提高计算效率，在声辐射计算中忽略了广义附连水质量互耦合项的影响。

由图 2.27 ~ 图 2.29 可见：不同潜深、不同静水压下，声源级峰值对应的频率值发生了移动，静水压越大，声源级峰值对应的频率值越小。在频率较低时，这种频移量较小；当激励频率进一步增大后，频移趋于明显化。另一方面也可以看到，声源级与均方振速级在峰值频率特征及受静水压影响的频移规律上均存在一定的差异。

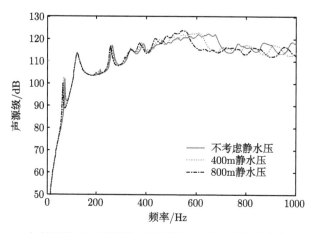

图 2.27　加筋圆柱壳在不同静水压下的辐射声功率换算的声源级结果

不考虑静水压的影响，下面分析环向加强筋数量的变化对圆柱壳水下声辐射的影响。由图 2.30 ~ 图 2.32 可见：增加环向加强筋的数量会使结构的湿谐振频率发生偏移，对壳体表面振动的影响规律较为复杂；在 400Hz 以下的低频段，增加环向加强筋的数量对结构水中辐射声功率的影响比较小，这是因为该频段内的辐射声功率主要由数个模态起主要贡献，而这些模态受环向加强筋数量变化的影响较小；随着频率的增高，环向加强筋数量的增加对辐射声功率的影响逐渐变大，在总体量值和趋势上，辐射声功率随加强筋数量的增多而降低。

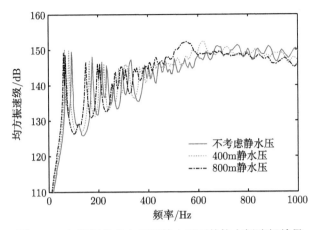

图 2.28　加筋圆柱壳在不同静水压下的均方振速级结果

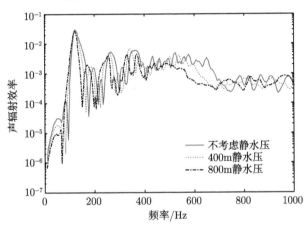

图 2.29　加筋圆柱壳在不同静水压下的声辐射效率结果

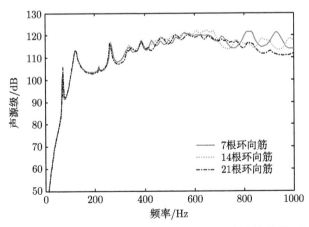

图 2.30　圆柱壳在不同环向加筋数时的辐射声功率换算的声源级结果

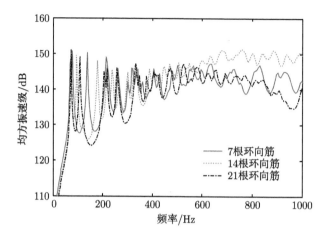

图 2.31　圆柱壳在不同环向加筋数时的均方振速级结果

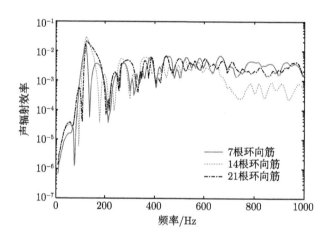

图 2.32　圆柱壳在不同环向加筋数时的声辐射效率结果

　　不考虑静水压的影响, 环向加强筋的数量为 14, 下面分析环向加强筋高度的变化对圆柱壳水下声辐射的影响。由图 2.33 ~ 图 2.35 可见: 增大环向加强筋的高度, 相当于是增大了它的刚度和质量, 其对辐射声源级结果的影响主要体现在 400Hz 以上的较高频率; 声源级曲线与均方振速级曲线的变化规律并不一致。一方面, 水中辐射声功率是由壳体表面的振动引起的, 另一方面, 辐射声功率的量值还与声辐射效率密切相关; 有些模态对壳体振动响应的贡献很大, 但是声辐射效率却很低, 因而其对辐射声功率的贡献并不大。每一个模态根据其振型均可计算相应的声辐射效率, 声辐射效率是随频率变化的。

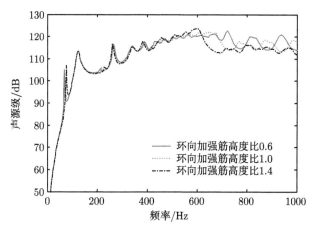

图 2.33 圆柱壳的环向加筋取不同高度时的辐射声功率换算的声源级结果

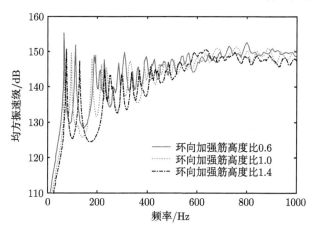

图 2.34 圆柱壳的环向加筋取不同高度时的均方振速级结果

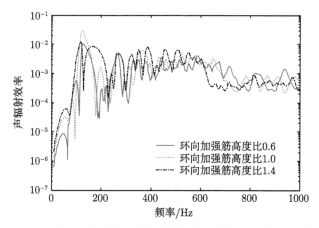

图 2.35 圆柱壳的环向加筋取不同高度时的声辐射效率结果

　　不考虑静水压的影响，下面分析圆柱壳厚度的变化对圆柱壳水下声辐射的影响。由图 2.36 ~ 图 2.38 可见：适当增加圆柱壳的厚度，在总体量值和趋势上会使声源级和均方振速级有一定的降低；在细节上，声源级曲线还是存在高低交错的变化；如在实际应用时希望通过改变圆柱壳的厚度来降低声辐射，则需要考虑具体的频段特征。从动力学角度进行分析，圆柱壳厚度的变化对振动和声辐射产生影响，是由于其质量和刚度发生了变化。

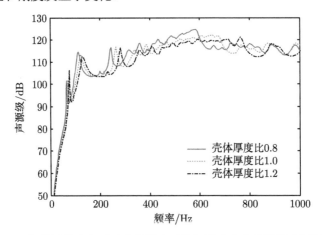

图 2.36　加筋圆柱壳在不同壳体厚度时的辐射声功率换算的声源级结果

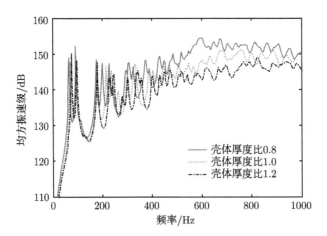

图 2.37　加筋圆柱壳在不同壳体厚度时的均方振速级结果

　　不考虑静水压的影响，下面分析圆柱壳半径的变化对圆柱壳水下声辐射的影响。由图 2.39 可见：壳体半径的增加使得 600Hz 以下频段的声辐射有所上升。结合图 2.40 分析可知，这主要是由于壳体半径的增加使大多数周向波数对应的模态湿谐振频率下降，在低频范围内，模态的数量增加使壳体振动及声辐射加强；壳体半径的增加也使得圆柱壳的湿表面面积增大，从而辐射声功率有一定的增大；此外，由图 2.41 可见：在 600Hz 以下频段内，壳体半径对声辐射效率总体量值的影响不大。

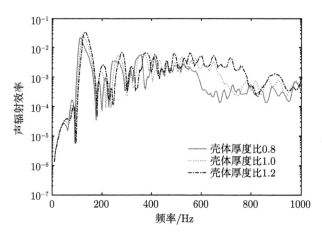

图 2.38 加筋圆柱壳在不同壳体厚度时的声辐射效率结果

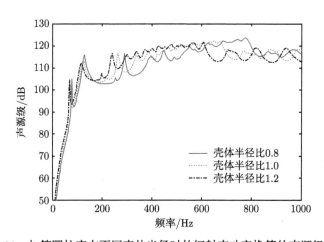

图 2.39 加筋圆柱壳在不同壳体半径时的辐射声功率换算的声源级结果

不考虑静水压的影响，下面分析圆柱壳长度的变化对圆柱壳水下声辐射的影响。由图 2.42 ~ 图 2.44 可见：壳体长度的变化对辐射噪声低频峰值的偏移存在较显著的影响，可以利用这个特性在结构设计时考虑避免共振的发生；壳体长度越长，低频噪声峰值的频率越低；振动响应受壳体长度变化的影响更加显著，不同长度的圆柱壳的振动响应的峰值频率和整体量值均有较大的差异。

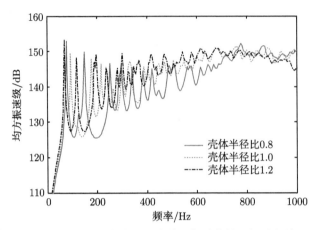

图 2.40　加筋圆柱壳在不同壳体半径时的均方振速级结果

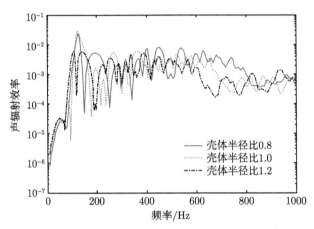

图 2.41　加筋圆柱壳在不同壳体半径时的声辐射效率结果

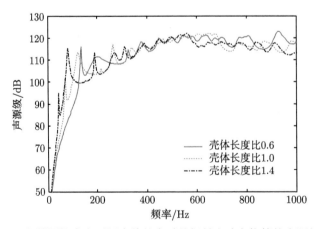

图 2.42　加筋圆柱壳在不同壳体长度时的辐射声功率换算的声源级结果

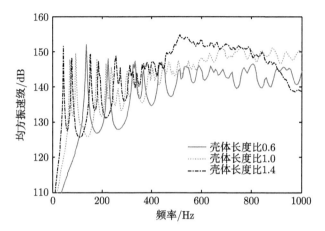

图 2.43　加筋圆柱壳在不同壳体长度时的均方振速级结果

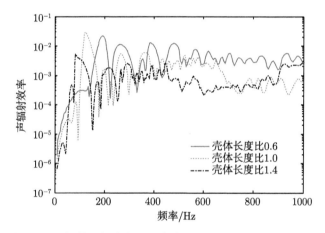

图 2.44　加筋圆柱壳在不同壳体长度时的声辐射效率结果

2.5　局部敷设声学覆盖层的圆柱壳声辐射计算方法

2.5.1　圆柱壳–声学覆盖层–流体系统耦合振动方程推导

考虑如图 2.45 所示有限长弹性圆柱壳。圆柱壳两端简支，并连接有半无限长刚性障柱。壳体内部为真空，外部为无界重质理想流体。壳体表面沿周向敷设有两道声学覆盖层，并在 (x_e, θ_e) 点受到一沿径向作用的简谐集中激励力。为了便于建模分析，此处采用圆柱坐标系 (r, x, θ)，坐标原点设定在圆柱壳左端圆心处。敷设声学覆盖层区域的坐标范围为 $[0, x_1] \cup [L - x_2, L]$。

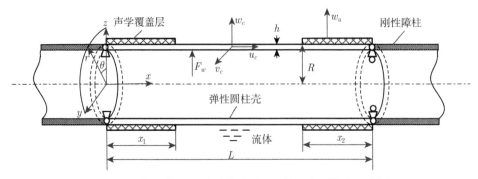

图 2.45　部分敷设声学覆盖层的有限长简支圆柱壳示意图

根据 Donnell 薄壳理论, 有限长简支弹性圆柱壳体振动的控制方程为[7]

$$
\begin{aligned}
&\frac{\partial^2 u_c}{\partial x^2} + \frac{1-\sigma}{2R^2}\frac{\partial^2 u_c}{\partial \theta^2} + \frac{1+\sigma}{2R}\frac{\partial^2 v_c}{\partial x \partial \theta} + \frac{\sigma}{R}\frac{\partial w_c}{\partial x} - \frac{\ddot{u}_c}{c_p^2} = 0 \\
&\frac{1+\sigma}{2R}\frac{\partial^2 u_c}{\partial x \partial \theta} + \frac{1-\sigma}{2}\frac{\partial^2 v_c}{\partial x^2} + \frac{1}{R^2}\frac{\partial^2 v_c}{\partial \theta^2} + \frac{1}{R^2}\frac{\partial w_c}{\partial \theta} - \frac{\ddot{v}_c}{c_p^2} = 0 \\
&\frac{\sigma}{R}\frac{\partial u_c}{\partial x} + \frac{1}{R^2}\frac{\partial v_c}{\partial \theta} + \frac{w_c}{R^2} + \beta^2\left(R^2\frac{\partial^4 w_c}{\partial x^4} + 2\frac{\partial^4 w_c}{\partial x^2 \partial \theta^2} + \frac{1}{R^2}\frac{\partial^4 w_c}{\partial \theta^4}\right) \\
&+ \frac{\ddot{w}_c}{c_p^2} - \frac{(f-p)(1-\sigma^2)}{Eh} = 0
\end{aligned}
\tag{2.133}
$$

其中, u_c、v_c、w_c 分别为圆柱壳体上任意一点沿轴向 x、周向 θ 和径向 r 的振动位移; $c_p = \sqrt{E/[\rho_s(1-\sigma^2)]}$, E、σ、ρ_s 分别为壳体结构的杨氏模量、泊松比和密度; $\beta^2 = h^2/(12R^2)$ 为壳体厚度因子, R、h 分别为壳体的半径和厚度; f、p 分别表示分布在壳体表面的激励力和振动引起的外部流体声压。

采用机械四端参数法对声学覆盖层进行建模 (图 2.46)。图 2.46(a) 表示一个经典的质量–弹簧–阻尼器系统, 其四端参数分别为 α_{11}、α_{12}、α_{21}、α_{22}。输入端的力 F_1 和速度 v_1 与输出端的力 F_2 和速度 v_2 之间的关系可由四端参数表示为

$$
\begin{cases}
F_1 = \alpha_{11}F_2 + \alpha_{12}v_2 \\
v_1 = \alpha_{21}F_2 + \alpha_{22}v_2
\end{cases}
\tag{2.134}
$$

本书中仅研究弹簧型声学覆盖层, 即忽略声学覆盖层的质量 (惯性) 效应, 将声学覆盖层简化为无质量的黏弹性弹簧, 其单位面积的刚度为 $Z = Z_0(1 - \mathrm{i}\eta_\nu)$, 如图 2.46(b) 所示。相应地, 根据机械四端参数法可以得到表征声学覆盖层内外表面径向振动位移与声压之间关系的方程:

$$
\begin{cases}
w_a - w_c = -\dfrac{p(Q)}{Z}, & Q \in S_c \\
w_a - w_c = 0, & Q \in S_b
\end{cases}
\tag{2.135}
$$

其中，w_a 为声学覆盖层外表面的径向位移 (也即边界流体的径向位移)，声学覆盖层内表面的径向位移即等于壳体结构的径向振动位移 w_c；$p(Q)$ 为声学覆盖层外表面 Q 点处的外部流体载荷 (声压)；S_c 表示敷设有声学覆盖层的区域，S_b 表示未敷设声学覆盖层的区域，$S_b \cup S_c = S$。

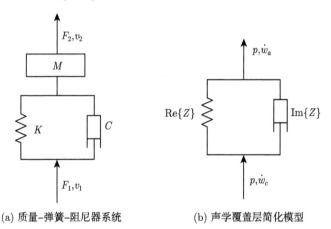

(a) 质量–弹簧–阻尼器系统　　　　　　(b) 声学覆盖层简化模型

图 2.46　声学覆盖层计算模型示意图

将圆柱壳结构的振动位移 u_c、v_c、w_c 分别用壳体在真空中的固有振动模态进行展开，具体可写成如下双重三角级数的形式：

$$\begin{cases} u_c = \displaystyle\sum_{n=0}^{\infty}\sum_{m=1}^{\infty} U_{nm} \cos n\theta \cos k_m x e^{-i\omega t} \\[2mm] v_c = \displaystyle\sum_{n=0}^{\infty}\sum_{m=1}^{\infty} V_{nm} \sin n\theta \sin k_m x e^{-i\omega t} \\[2mm] w_c = \displaystyle\sum_{n=0}^{\infty}\sum_{m=1}^{\infty} W_{nm} \cos n\theta \sin k_m x e^{-i\omega t} \end{cases} \tag{2.136}$$

其中，U_{nm}、V_{nm}、W_{nm} 为待定系数，n 和 m 分别代表周向和轴向模态阶数；$k_m = m\pi/L$；$e^{-i\omega t}$ 为简谐时间因子。类似地，边界流体径向振动位移 w_a、外部简谐集中激励力 f 及外部声压 p 也可分别采用双三角级数展开：

$$w_a = \sum_{n=0}^{\infty}\sum_{m=1}^{\infty} c_{nm} \cos n\theta \sin k_m x e^{-i\omega t} \tag{2.137}$$

$$f = \sum_{n=0}^{\infty}\sum_{m=1}^{\infty} F_{nm} \cos n\theta \sin k_m x e^{-i\omega t} \tag{2.138}$$

$$p = \sum_{n=0}^{\infty}\sum_{m=1}^{\infty} p_{nm} \cos n\theta \sin k_m x e^{-i\omega t} \tag{2.139}$$

其中，c_{nm}、F_{nm}、p_{nm} 为待定系数。

将 (2.136) 式、(2.138) 式、(2.139) 式代入 (2.133) 式中，可得到考虑流体耦合作用的圆柱壳径向振动模态方程：

$$-\mathrm{i}\omega Z_{nm}^M W_{nm} = F_{nm} - p_{nm} \tag{2.140}$$

其中，Z_{nm}^M 为各阶模态对应的机械阻抗

$$Z_{nm}^M = -\frac{\Delta_1}{-\mathrm{i}\omega\left[\dfrac{(1-\sigma^2)R^2}{Eh}\Delta_2\right]} \tag{2.141}$$

当 $n = 1,\ 2,\ 3,\ \cdots$ 时，

$$\Delta_1 = \begin{vmatrix} \dfrac{\omega^2 R^2}{c_p^2} - \left(k_m^2 R^2 + \dfrac{1-\sigma}{2}n^2\right) & \dfrac{1+\sigma}{2}nk_m R \\[3mm] \dfrac{1+\sigma}{2}nk_m R & \dfrac{\omega^2 R^2}{c_p^2} - \left(\dfrac{1-\sigma}{2}k_m^2 R^2 + n^2\right) \\[3mm] \sigma k_m R & -n \end{vmatrix}$$

$$\begin{vmatrix} \sigma k_m R \\[2mm] -n \\[2mm] \dfrac{\omega^2 R^2}{c_p^2} - \left[1 + \beta^2\left(k_m^2 R^2 + n^2\right)^2\right] \end{vmatrix} \tag{2.142}$$

$$\Delta_2 = \begin{vmatrix} \dfrac{\omega^2 R^2}{c_p^2} - \left(k_m^2 R^2 + \dfrac{1-\sigma}{2}n^2\right) & \dfrac{1+\sigma}{2}nk_m R \\[3mm] \dfrac{1+\sigma}{2}nk_m R & \dfrac{\omega^2 R^2}{c_p^2} - \left(\dfrac{1-\sigma}{2}k_m^2 R^2 + n^2\right) \end{vmatrix} \tag{2.143}$$

当 $n = 0$ 时，

$$\Delta_1 = \begin{vmatrix} \dfrac{\omega^2 R^2}{c_p^2} - k_m^2 R^2 & \sigma k_m R \\[3mm] \sigma k_m R & \dfrac{\omega^2 R^2}{c_p^2} - \left[1 + \beta^2 k_m^4 R^4\right] \end{vmatrix} \tag{2.144}$$

$$\Delta_2 = \frac{\omega^2 R^2}{c_p^2} - \left(k_m^2 R^2 + \frac{1-\sigma}{2}n^2\right) \tag{2.145}$$

圆柱壳外部流场中任意一点 (r, x, θ) 处的声压 p 满足 Helmholtz 方程 [7]

$$\left(\nabla^2 + k_0^2\right) p\left(r, x, \theta\right) = 0 \tag{2.146}$$

其中，$\nabla^2 = \dfrac{\partial^2}{\partial r^2} + \dfrac{1}{r}\dfrac{\partial}{\partial r} + \dfrac{1}{r^2}\dfrac{\partial^2}{\partial \theta^2} + \dfrac{\partial^2}{\partial x^2}$ 为圆柱坐标系中的 Laplace 算子，$k_0 = \omega/c_0$ 为声波波数，c_0 为流体中的声速。对 (2.146) 式作关于 x 的 Fourier 变换，可得关于压力变换 $\tilde{p}(r, k, \theta)$ 的偏微分方程为

$$\left(\frac{\partial^2}{\partial r^2} + \frac{1}{r}\frac{\partial}{\partial r} + k_0^2 - k^2 + \frac{1}{r^2}\frac{\partial^2}{\partial \theta^2} \right) \tilde{p}(r, k, \theta) = 0 \qquad (2.147)$$

方程 (2.147) 的解可以表示为第一类 Hankel 函数叠加的形式

$$\tilde{p}(r, k, \theta) = \sum_n A_n \mathrm{H}_n^{(1)} \left[(k_0^2 - k^2)^{1/2} r \right] \cos n\theta \qquad (2.148)$$

声学覆盖层 (或圆柱壳壳体) 与外部流体交界面处的边界条件须满足

$$\frac{\partial \tilde{p}(r, k, \theta)}{\partial r} \bigg|_{r=R} = -\rho_0 \tilde{\ddot{w}}(k, \theta) = \mathrm{i}\omega\rho_0 \tilde{\dot{w}}(k, \theta) \qquad (2.149)$$

其中，ρ_0 为流体密度，$\tilde{\dot{w}}(k, \theta)$ 和 $\tilde{\ddot{w}}(k, \theta)$ 分别为结构的速度 $\dot{w}(x, \theta)$ 和加速度 $\ddot{w}(x, \theta)$ 关于 x 的 Fourier 变换。声学覆盖层外表面的法向位移分量可写为如下形式：

$$\dot{w}_a(x, \theta) = \sum_{n=0}^{\infty} \sum_{m=1}^{\infty} \dot{c}_{mn} \cos n\theta f_m(x), \quad f_m(x) = \begin{cases} \sin k_m x, & 0 \leqslant x \leqslant L \\ 0, & x < 0, \ x > L \end{cases} \qquad (2.150)$$

对 $\dot{w}_a(x, \theta)$ 作关于 x 的 Fourier 变换可得

$$\tilde{\dot{w}}_a(k, \theta) = \sum_{n=0}^{\infty} \sum_{m=1}^{\infty} \dot{c}_{mn} \cos n\theta \tilde{f}_m(k), \quad \tilde{f}_m(k) = \int_{-\infty}^{\infty} f_m(x) \mathrm{e}^{-\mathrm{i}kx}\mathrm{d}x \qquad (2.151)$$

将 (2.148) 式和 (2.151) 式代入 (2.149) 式，并利用三角级数 $\{\cos n\phi\}$ 的正交性，可得

$$\tilde{p}(r, k, \theta) = \mathrm{i}\omega\rho_0 \sum_{n=0}^{\infty} \sum_{m=1}^{\infty} \frac{\dot{c}_{mn} \mathrm{H}_n^{(1)} \left[(k_0^2 - k^2)^{1/2} r \right] \tilde{f}_m(k)}{(k_0^2 - k^2)^{1/2} \mathrm{H}_n^{(1)'} \left[(k_0^2 - k^2)^{1/2} R \right]} \cos n\theta \qquad (2.152)$$

对 $\tilde{p}(r, k, \theta)$ 作关于 k 的 Fourier 逆变换可得流场中声压 $p(r, x, \theta)$ 的表达式为

$$p(r, x, \theta) = \frac{\mathrm{i}\omega\rho_0}{2\pi} \int_{-\infty}^{\infty} \sum_{n=0}^{\infty} \sum_{m=1}^{\infty} \frac{\dot{c}_{mn} \mathrm{H}_n^{(1)} \left[(k_0^2 - k^2)^{1/2} r \right] \tilde{f}_m(k)}{(k_0^2 - k^2)^{1/2} \mathrm{H}_n^{(1)'} \left[(k_0^2 - k^2)^{1/2} R \right]} \cos n\theta \mathrm{e}^{\mathrm{i}kx}\mathrm{d}k \qquad (2.153)$$

令 $r = R$, 则可得声学覆盖层 (或圆柱壳壳体) 表面的声压分布

$$p(R, x, \theta) = \frac{1}{2\pi} \int_{-\infty}^{\infty} \sum_{n=0}^{\infty} \sum_{m=1}^{\infty} \dot{c}_{mn} \tilde{z}_n(k) \tilde{f}_m(k) \cos n\theta \mathrm{e}^{\mathrm{i}kx} \mathrm{d}k \tag{2.154}$$

其中, $\tilde{z}_n(k) = \dfrac{\mathrm{i}\omega\rho_0 \mathrm{H}_n^{(1)} \left[\left(k_0^2 - k^2 \right)^{1/2} R \right]}{\left(k_0^2 - k^2 \right)^{1/2} \mathrm{H}_n^{(1)'} \left[\left(k_0^2 - k^2 \right)^{1/2} R \right]}$ 。

由 (2.154) 式并考虑到 $\dot{c}_{mn} = -\mathrm{i}\omega c_{mn}$ 不难看出, (2.139) 式和 (2.140) 式中的外部流体声压的展开系数 p_{nm} 可以表示为

$$p_{nm} = -\mathrm{i}\omega \sum_{q=1}^{\infty} Z_{qmn}^A c_{nq} \tag{2.155}$$

其中, Z_{qmn}^A 为各阶模态对应的声辐射阻抗

$$Z_{qmn}^A = \frac{2}{L} \int_0^L \frac{1}{2\pi} \int_{-\infty}^{\infty} \tilde{z}_n(k) \tilde{f}_q(k) \mathrm{e}^{\mathrm{i}kx} \mathrm{d}k \sin k_m x \mathrm{d}x \tag{2.156}$$

采用文献 [9] 中的基于快速 Fourier 变换的算法计算 (2.156) 式, 该方法相比传统的数值积分方法可明显提高计算的速度, 这对分析部分敷设声学覆盖层圆柱壳的流固耦合振动问题具有重要的实际意义, 因为这种情况下往往需要考虑的模态数较多。

将 w_c、w_a 和 p 的展开式代入 (2.134) 式中, 将等式两边沿柱壳表面积分, 并利用三角函数的正交性可得

$$c_{pq} = W_{pq} - \frac{2}{LZ} \sum_{m=1}^{\infty} R_{qm} p_{pm} \tag{2.157}$$

其中, $Z = Z_0(1 - \mathrm{i}\eta_\nu)$ 为声学覆盖层单位面积复刚度, R_{qm} 是因部分敷设声学覆盖层而产生的耦合项

$$R_{qm} = \int_0^{x_1} \sin k_m x \sin k_q x \mathrm{d}x + \int_{L-x_2}^{L} \sin k_m x \sin k_q x \mathrm{d}x \tag{2.158}$$

联立 (2.140) 式、(2.155) 式、(2.157) 式即得到部分敷设周向声学覆盖层的圆柱壳体流固耦合振动模态方程

$$-\mathrm{i}\omega Z_{nm}^M W_{nm} - \mathrm{i}\omega \sum_{q=1}^{\infty} Z_{qmn}^A W_{nq} - \omega^2 \frac{2}{LZ} \sum_{q=1}^{\infty} \sum_{m'=1}^{\infty} Z_{qmn}^A R_{qm'} Z_{nm'}^M W_{nm'}$$

$$= F_{nm} - \frac{2\mathrm{i}\omega}{LZ} \sum_{q=1}^{\infty} \sum_{m'=1}^{\infty} Z_{qmn}^A R_{qm'} F_{nm'} \tag{2.159}$$

从 (2.159) 式不难看出，由于声学覆盖层的布置是关于圆柱壳中线轴对称的，模态耦合仅存在于同一周向阶数 n 的方程中，不同周向阶数 n 的方程之间是解耦的。

考虑圆柱壳体上一点 (R, x_e, θ_e) 受到沿径向作用的简谐集中激励力

$$F_w(x, \theta, t) = \frac{1}{R} F_0 \delta(x - x_e) \delta(\theta - \theta_e) e^{-i\omega t} \tag{2.160}$$

其中，F_0 为激励力的幅值，$\delta(\ )$ 为一维 Dirac 函数。则可得展开系数 F_{nm} 的表达式

$$F_{nm} = \frac{\varepsilon_n}{\pi RL} F_0 \cos n\theta_e \sin k_m x_e \tag{2.161}$$

其中，$\varepsilon_n = \begin{cases} 1, & n = 0 \\ 2, & n > 0 \end{cases}$ 。

求解方程 (2.159) 可以得到圆柱壳体的振动位移展开系数 W_{nm}，根据 (2.136) 式和 (2.137) 式可以得到壳体和边界流体的径向振动位移，并将其表达为径向均方振速的形式

$$\langle \dot{w}_c^2 \rangle = \frac{\omega^2}{2S} \iint\limits_S |w_c|^2 \, dS \tag{2.162}$$

$$\langle \dot{w}_a^2 \rangle = \frac{\omega^2}{2S} \iint\limits_S |w_a|^2 \, dS \tag{2.163}$$

将壳体和流体的径向均方振速转换为均方振速级

$$L_{vc} = 10 \log_{10} \left(\frac{\langle \dot{w}_c^2 \rangle}{\dot{w}_0^2} \right) \tag{2.164}$$

$$L_{va} = 10 \log_{10} \left(\frac{\langle \dot{w}_a^2 \rangle}{\dot{w}_0^2} \right) \tag{2.165}$$

其中，$\dot{w}_0 = 5 \times 10^{-8} \mathrm{m/s}$ 为速度参考基准值。

部分敷设声学覆盖层的圆柱壳声辐射功率及声辐射功率级的表达式分别为

$$P(\omega) = \frac{1}{2} \iint\limits_S \mathrm{Re} \left\{ p(R, x, \theta) \dot{w}_a^*(x, \theta) \right\} dS \tag{2.166}$$

$$L_P = 10 \log_{10} \left(\frac{P}{P_0} \right) \tag{2.167}$$

其中，$P_0 = 1 \times 10^{-12} \mathrm{W}$ 为功率参考基准值。

部分敷设声学覆盖的圆柱壳声辐射效率和声辐射效率级的表达式分别为 [17]

$$E = \frac{P}{\rho_0 c_0 S \langle \dot{w}_a^2 \rangle} \tag{2.168}$$

$$L_E = 10 \log_{10} E \tag{2.169}$$

2.5.2　算例分析

在 2.5.1 节理论推导的基础上，相应地编写了计算求解程序。本节将结合具体算例分析部分敷设声学覆盖层的有限长圆柱壳的振动与声辐射特性。考虑圆柱壳在点 $(x_e, \theta_e) = (0.4L, 0)$ 处受到单位简谐集中激励力的作用。通过复弹性模量的形式计入壳体的结构阻尼 $E' = E(1 - \mathrm{i}\eta_c)$，通过复弹簧刚度的形式计入声学覆盖层的结构阻尼 $Z = Z_0(1 - \mathrm{i}\eta_\nu)$，$\eta_c$ 和 η_ν 分别为壳体和声学覆盖层的结构阻尼损耗因子。模型的主要参数如表 2.4 所示。

表 2.4　部分敷设声学覆盖层的圆柱壳模型主要参数

参数	数值	单位
圆柱壳长度 L	1.2	m
圆柱壳半径 R	0.4	m
圆柱壳厚度 h	0.003	m
壳体结构杨氏模量 E	2.1×10^{11}	Pa
泊松比 o	0.3	——
壳体结构阻尼损耗因子 η_c	0.01	——
壳体结构材料密度 ρ_s	7850	kg/m^3
声学覆盖层复刚度实部值 Z_0	5×10^8	N/m^3
声学覆盖层结构阻尼损耗因子 η_ν	0.01	——
流体密度 ρ_0	1000	kg/m^3
流体中的声速 c_0	1500	m/s

1. 计算结果收敛性分析

理论上讲，(2.159) 式为无限阶的代数方程组。在实际求解流固耦合振动模态方程 (2.159) 时，通常需要做模态截断处理，得到有限阶的代数方程组。因此，在进行参数分析之前，首先通过取不同模态截断阶数分别计算，以考察结果的收敛性。本节取不敷设声学覆盖层 $(x_1 = x_2 = 0)$、全敷设声学覆盖层 $(x_1 = x_2 = L/2)$ 及部分敷设声学覆盖层 $(x_1 = x_2 = L/4)$ 三种情形，分别考察声辐射功率级和壳体径向均方振速级的收敛性，如图 2.47 ~ 图 2.49 所示。

通过分析图 2.47 ~ 图 2.49 中的结果发现：

(1) 无论是否敷设声学覆盖层，声辐射功率的结果收敛较快，壳体径向均方振速收敛较慢，这跟文献 [17]、[18] 中所述的规律也是相符合的。具体来说，在所研究频率范围内，当周向模态阶数 n 的截断值为 $N=5$ 时，声辐射功率已达到收敛；而径向均方振速达到收敛需要 $N \geqslant 20$。

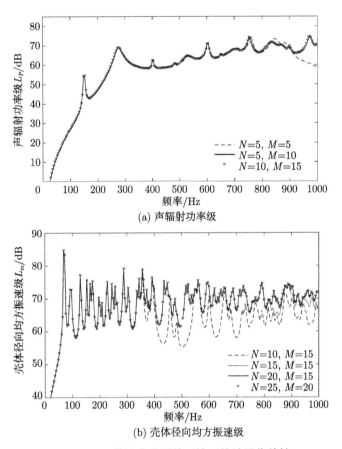

(a) 声辐射功率级

(b) 壳体径向均方振速级

图 2.47 不敷设声学覆盖层情形的结果收敛性

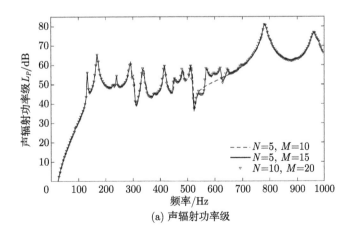

(a) 声辐射功率级

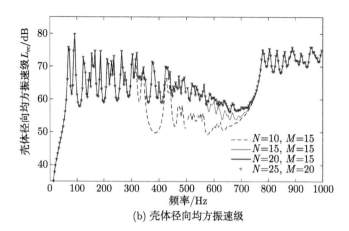

(b) 壳体径向均方振速级

图 2.48　全敷设声学覆盖层情形的结果收敛性

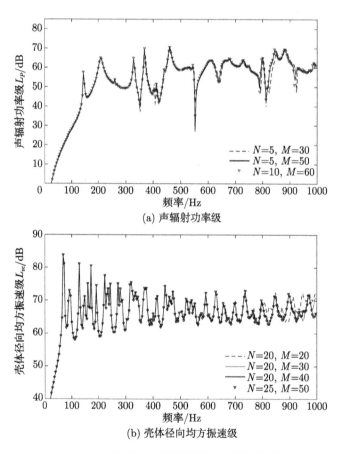

(a) 声辐射功率级

(b) 壳体径向均方振速级

图 2.49　部分敷设声学覆盖层时的结果收敛性

(2) 当部分敷设沿周向布置的声学覆盖层时, 达到收敛结果所需的轴向模态阶数 (M) 较多。相比之下, 由文献 [18] 知, 当部分敷设沿轴向布置的声学覆盖层时, 达到收敛所需的周向模态阶数 (N) 较多。这说明结果的收敛性与敷设方式有关。进一步分析原因, 部分敷设沿轴向布置的声学覆盖层时, 覆盖层沿周向不连续, 周向的三角函数展开需要的截断数较大; 而当部分敷设沿周向布置的声学覆盖层时, 覆盖层沿轴向不连续, 因此轴向的三角函数展开需要的截断数较大。

(3) 当结果达到收敛时发现, 全敷设声学覆盖层时的壳体径向均方振速曲线在频率为 700Hz 附近存在一个较明显的凹谷 (图 2.48), 这是由于 "圆柱壳–声学覆盖层–流体" 系统发生了反共振现象, 文献 [17] 中通过一个二自由度系统振动的简化模型具体阐释了这一现象的成因。

2. 理论方法及计算程序的初步考核验证

在考核过计算结果收敛性的基础上, 本小节先考虑一种特殊的情形来初步考核程序计算结果的正确性。当声学覆盖层的敷设面积比例为 0% 时, 也即不敷设声学覆盖层的光壳情形, 可以将基于本节理论推导计算的结果与基于解析能量法 [19] 推导计算的结果进行比较。通过图 2.50 的对比结果发现, 二者的结果吻合很好, 这也初步验证了本节推导的解析结果及计算程序是正确的, 为后续的进一步分析提供了基础。

3. 声学覆盖层刚度的影响

本小节以全覆设声学覆盖层的情形为例, 通过改变模型参数 Z_0 的值来考察声学覆盖层刚度变化对系统的振动和声辐射特性的影响, 其余模型计算参数仍保持不变, 如表 2.4 中所示。不同刚度时的声辐射功率级和径向均方振速级如图 2.51 ~ 图 2.53 所示。

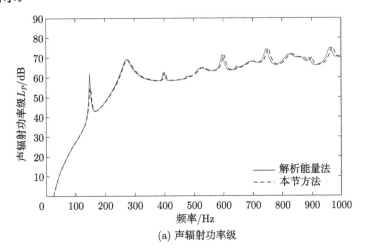

(a) 声辐射功率级

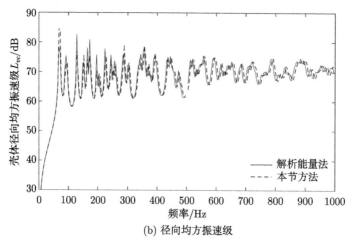

(b) 径向均方振速级

图 2.50　本节程序计算结果与解析能量法推导计算结果的对比 (不敷设声学覆盖层的情形)

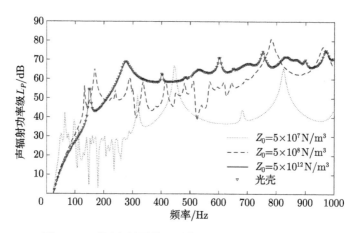

图 2.51　不同声学覆盖层刚度时的声辐射功率级对比

分析计算结果发现：

(1) 刚度越小，声辐射的降低越明显。当刚度取较低值 ($Z_0 = 5 \times 10^7 \mathrm{N/m^3}$) 时，由图 2.51 可知，由于声学覆盖层的存在，系统的声辐射功率显著降低；同时由图 2.52 和图 2.53 可见：在 300~1000 Hz 频段内，壳体的振动与外部流体的振动被声学覆盖层有效地隔离开来。

(2) 当刚度增大时，这一隔离效果 (decoupling effect) 也随之降低。由图 2.51 可见：随着声学覆盖层刚度逐渐增大，声辐射功率和均方振速均趋向于不敷设声学覆盖层时的相应计算结果，当刚度取为一较大的值 ($Z_0 = 5 \times 10^{12} \mathrm{N/m^3}$) 时，声学覆盖层几乎没有隔离效果，这一变化趋势也间接验证了程序的正确性。

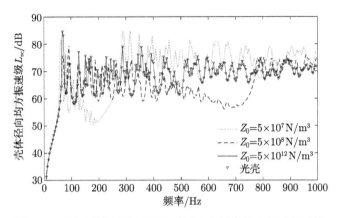

图 2.52　不同声学覆盖层刚度时的壳体径向均方振速级对比

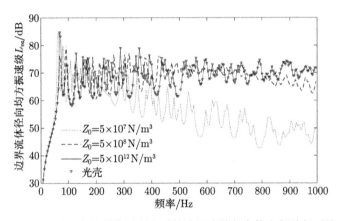

图 2.53　不同声学覆盖层刚度时的边界流体径向均方振速级对比

(3) 随着刚度的变化, 2.5.2 节第 1 部分中提到的反共振现象发生的频率范围也相应地发生移动。由图 2.52 可以看出, 当声学覆盖层刚度由 $Z_0 = 5 \times 10^8 \mathrm{N/m^3}$ 变化到 $Z_0 = 5 \times 10^7 \mathrm{N/m^3}$ 时, 反共振现象发生的频率范围 (也即壳体均方振速曲线上谷的位置) 由 700Hz 附近变化至 200Hz 附近。

4. 声学覆盖层敷设面积比例的影响

本小节考察声学覆盖层敷设面积比例对 "圆柱壳–声学覆盖层–流体" 系统耦合振动响应和声辐射的影响。分别选取五种不同的敷设面积比例进行计算, 即 0%、10%、50%、90%、100%。相应的覆盖区域 ($[0, x_1] \cup [L - x_2, L]$) 坐标如表 2.5 所示。

不同敷设面积比例时计算得到的声辐射功率级、壳体/边界流体径向均方振速级、声辐射效率级如图 2.54 ~ 图 2.57 所示。为了便于比较，不同敷设面积情形的结果均以敷设面积比例为 0%(光壳) 的情形为参考。

表 2.5　不同敷设面积比例时的覆盖区域坐标

敷设面积比例	x_1	x_2
0%	0	0
10%	0.05L	0.05L
50%	0.25L	0.25L
90%	0.45L	0.45L
100%	0.50L	0.50L

综合分析图 2.54 ~ 图 2.57 所示结果：

(1) 敷设声学覆盖层时，无论是全敷设还是部分敷设，声辐射功率整体上呈现出不同程度的下降 (图 2.54)；但当频率较低 (小于 100Hz) 时，声学覆盖层的效果有限。

(2) 随着覆盖面积比例的增加，声学覆盖层的整体去耦效果 (decoupling effect) 也逐渐增强。但值得注意的是，对于全敷设的情形，声辐射功率级曲线在 150Hz 和 780Hz 附近存在两个共振峰 (图 2.54(d))，即在这两个频率下，声辐射功率相比光壳的情形不降反增。

(3) 声学覆盖层敷设面积比例改变时，壳体径向均方振速发生明显变化 (图 2.55)。从图 2.55(c) 和 (d) 可以看出，当敷设面积比例由 100% 降为 90% 时，反共振现象发生的频率位置 (即壳体径向均方振速曲线上凹谷对应的位置) 向高频方向移动。

(4) 与部分敷设沿轴向布置声学覆盖层时的情形 (文献 [18]) 相比，敷设沿周向布置的声学覆盖层并没有破坏结构的轴对称特性，在低频频段没有发现文献 [18] 中提到的 "leak effect"。

(5) 当壳体部分敷设声学覆盖层时，尽管在较高频段 (大于 600Hz) 边界流体的径向均方振速会大于光壳的情形 (图 2.56(a) 和 (b))，但结合图 2.57 分析可知，此频段的声辐射效率小于光壳的情形，考虑到声辐射功率是由振速和辐射效率共同决定的，因此图 2.54(a) 和 (b) 中相应的敷设声学覆盖层后的声辐射功率仍是小于光壳的情形。

5. 与数值方法计算结果的对比

将解析方法的结果与基于有限元和边界元组合数值方法开发的可计算任意三维结构、任意部位敷设声学覆盖层的内部计算程序的数值结果进行对比 (图 2.58)，发现两者吻合良好。一方面，这些计算结果互相验证了两种方法和程序的正确性；另一方面，本节解析推导结果为数值方法计算程序的考核提供了重要参考。

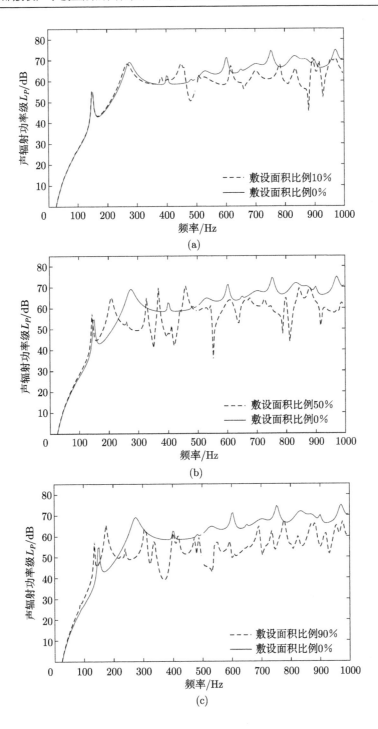

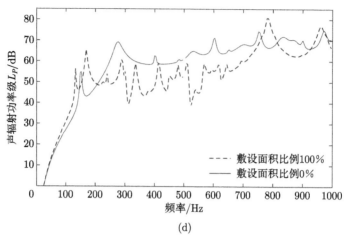

(d)

图 2.54　不同声学覆盖层敷设面积比例时的声辐射功率级对比

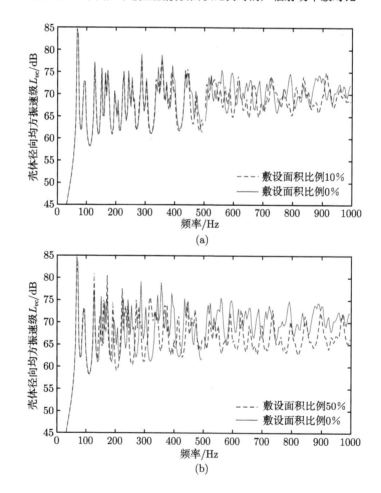

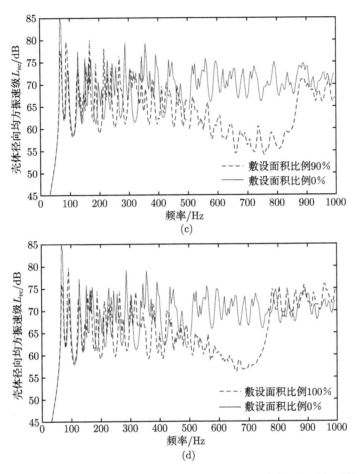

图 2.55 不同声学覆盖层敷设面积比例时的壳体径向均方振速级对比

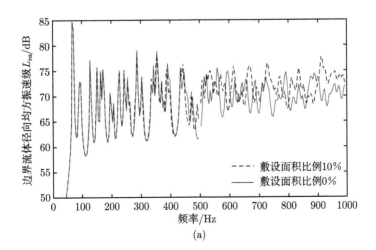

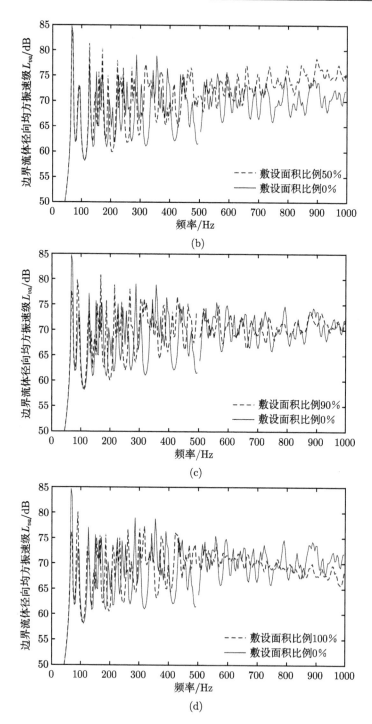

图 2.56　不同声学覆盖层敷设面积比例时的边界流体径向均方振速级对比

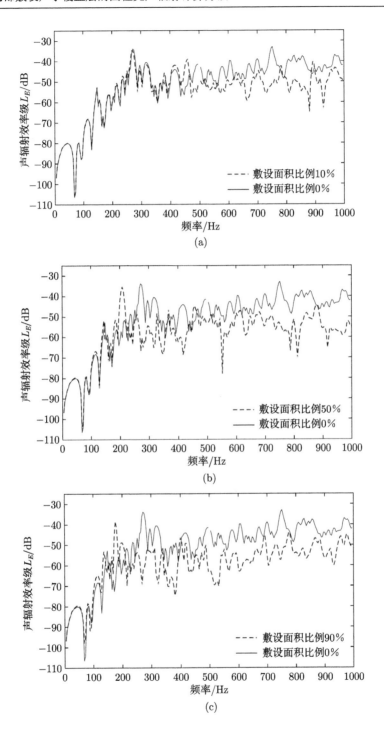

(a)

(b)

(c)

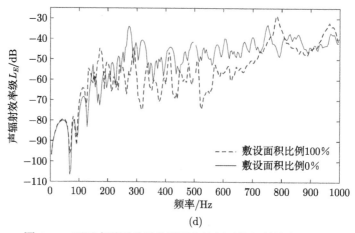

(d)

图 2.57　不同声学覆盖层敷设面积比例时的辐射效率级对比

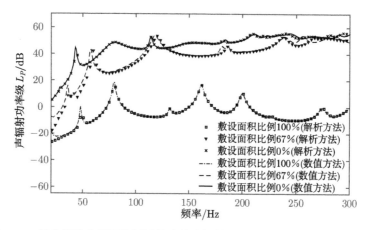

图 2.58　部分敷设声学覆盖层圆柱壳的声辐射功率级 (解析解与数值解对比)

2.6　本章小结

本章以典型圆柱壳结构为研究对象,论述其水中声辐射解析计算方法。从无限长圆柱壳结构,到内部含铺板的无限长圆柱壳结构,到两端简支的环向均匀加筋圆柱壳结构,再到局部敷设声学覆盖层的圆柱壳结构,涉及了四类模型,由简到繁,具有一定的代表性。

其中针对内部含铺板的无限长圆柱壳声辐射计算模型,通过互易原理将一个三维声辐射问题等效转换为一个二维声散射问题,实现了解析求解。从基本思路到理论推导均进行了详细的论述,在求解思路上具有一定的创新性。并且通过二维结构的干模态算例及无限长弹性圆柱壳水下声辐射的算例验证了该计算方法的正确性。在此基础上，通过多个计算实例，分析了该类组合结构中铺板厚度、圆柱壳半径、结构阻尼这三个参数的变化对其水中声辐射的影响规律。相关结论可供工程应用参考。

对于两端简支的环向均匀加筋圆柱壳声辐射计算模型，采用了较传统的方法实现解析求解。在本章中进行论述，一方面，对该类模型的声辐射解析求解的详细推导和算例分析，有助于读者掌握有限长圆柱壳结构声辐射解析计算的传统方法、了解该类结构振动与声辐射的基本特点；另一方面，是为第 3 章中的内部含子结构的环向加筋圆柱壳声辐射解析计算方法的理论推导作一个铺垫。

针对局部敷设声学覆盖层的有限长圆柱壳声辐射计算模型，通过将声学覆盖层简化为弹簧，建立了"圆柱壳–声学覆盖层–流体"系统的流固耦合振动方程，实现了振动与水中辐射声功率的解析求解。严格来讲，声学覆盖层不能简单处理为弹簧，此时采用本章中解析推导的方式建模求解难度较大，需要借用数值的方法。尽管如此，本章采用解析方法得到的结果可为数值计算结果的考核验证提供重要参考；同时，一些基本规律的分析也对工程设计具有指导意义。

参 考 文 献

[1] 陈铁云, 陈伯真. 弹性薄壳力学 [M]. 武汉: 华中工学院出版社, 1983.

[2] 曹志远. 板壳振动理论 [M]. 北京: 中国铁道出版社, 1989.

[3] Burroughs C B. Acoustics radiation from fluid loaded infinite circular cylinders with doubly periodic ring supports[J]. J. Acoust. Soc. Am., 1984, 75(3): 715-722.

[4] Skudrzyk E. The Foundation of Acoustics – Basic Mathematics and Basic Acoustics[M]. New York: Springer-Verlag, 1971.

[5] 马大猷. 现代声学理论基础 [M]. 北京: 科学出版社, 2004.

[6] 沈杰罗夫 E Ji. 水声学波动问题 [M]. 何祚镛, 赵晋英, 译. 北京: 国防工业出版社, 1983.

[7] Junger M C, Feit D. Sound, Structures, and Their Interaction[M]. 2nd ed. Cambridge, Massachusetts: The MIT Press, 1986.

[8] 中科院力学所固体力学研究室壳板组. 加筋圆柱曲板与圆柱壳 [M]. 北京: 科学出版社, 1983.

[9] Liu S X, Zou M S. Evaluation of radiation loading on finite cylindrical shells using the fast Fourier transform: A comparison with direct numerical integration[J]. J. Acoust. Soc. Am., 2018, 143(3): EL160-EL166.

[10] 张华. 水下环肋圆柱壳的自由振动特性分析 [D]. 哈尔滨工程大学硕士学位论文, 2006.

[11] Basdekas N L, Chi M. response of oddly-stiffened circular cylindrical shells[J]. Journal of Sound and Vibration, 1971, 17(2): 187-206.

[12] Galletly G D. On the in-vacuo vibration of simply supported ring-stiffened cylindrical

shells[C]. Proceedings of the Second U.S. National Congress of Applied Mechanics, 1955: 225-235.

[13] Al-Najafi A M J, Warburton G B. Free vibration of ring-stiffened cylindrical shells[J]. Journal of Sound and Vibration, 1970, 13(1): 9-25.

[14] Harari A, Baron M L. Analysis of the dynamic response of stiffened shells[J]. Journal of Applied Mechanics, 1971, 40(4): 1085-1090.

[15] Wah T, Hu W C L. Vibration analysis of stiffened cylinders including inter-ring motion[J]. J. Acoust. Soc. Am., 1968, 43(5): 1005-1016.

[16] Bozich W F. The vibration and buckling characteristics of cylindrical shells under axial load and external pressure[R]. No. AFFDL-TR-67-28. AIR FORCE FLIGHT DYNAMICS LAB WRIGHT-PARTTERSON AFB OH VEHICLE DYNAMICS DIV, 1967.

[17] Laulagnet B, Guyader J L. Sound radiation from finite cylindrical shells, partially covered with longitudinal strips of compliant layer[J]. Journal of Sound and Vibration, 1995, 186(5):723-742.

[18] Laulagnet B, Guyader J L. Sound radiation from finite cylindrical shells, partially covered with longitudinal strips of compliant layer[J]. Journal of Sound and Vibration, 1995, 186(5): 723-742.

[19] 邹明松, 沈顺根. 舱段结构动态特性和水下辐射噪声研究 [R]. 中国船舶科学研究中心技术报告, 2009.

附录 2.A   由奇数周向波数组成的矩阵方程中的元素

由奇数周向波数组成的矩阵方程 (2.72) 中，质量矩阵中的元素如下：

$$a_{mn} = \pi \rho_1 h_1 R \varepsilon(m-n) + \frac{\rho_2 h_2 (2k_b R + \sin 2k_b R)}{2k_b} S_{1m} S_{1n}$$

$$+ \frac{\rho_2 h_2 (2k_b R + \sinh 2k_b R)}{2k_b} S_{3m} S_{3n}$$

$$+ \frac{\rho_2 h_2 (\cos k_b R \sinh k_b R + \sin k_b R \cosh k_b R)}{2k_b} (S_{1m} S_{3n} + S_{3m} S_{1n})$$

式中，函数 $\varepsilon(n) = \begin{cases} 1, & n = 0 \\ 0, & n \neq 0 \end{cases}$ 。

$$b_{mn} = \frac{\rho_2 h_2 (2k_b R + \sin 2k_b R)}{2k_b} S_{1m} S_{2n} + \frac{\rho_2 h_2 (2k_b R + \sinh 2k_b R)}{2k_b} S_{3m} S_{4n}$$

$$+ \frac{\rho_2 h_2 (\cos k_b R \sinh k_b R + \sin k_b R \cosh k_b R)}{2k_b} (S_{1m} S_{4n} + S_{3m} S_{2n})$$

$$c_{mn} = b_{nm}$$

$$d_{mn} = \pi\rho_1 h_1 R\varepsilon(m-n) + \frac{\rho_2 h_2(2k_b R + \sin 2k_b R)}{2k_b} S_{2m}S_{2n}$$

$$+ \frac{\rho_2 h_2(2k_b R + \sinh 2k_b R)}{2k_b} S_{4m}S_{4n}$$

$$+ \frac{\rho_2 h_2(\cos k_b R \sinh k_b R + \sin k_b R \cosh k_b R)}{2k_b}(S_{2m}S_{4n} + S_{4m}S_{2n})$$

由奇数周向波数组成的矩阵方程 (2.72) 中，刚度矩阵中的元素如下：

$$a'_{mn} = \frac{\pi E_1 h_1}{(1-\sigma_1^2)R}\varepsilon(m-n) + \frac{\pi E_1 h_1^3}{12R^3(1-\sigma_1^2)}m^4\varepsilon(m-n)$$

$$+ \frac{E_2 I_2 k_b^3(2k_b R + \sin 2k_b R)}{2} S_{1m}S_{1n} + \frac{E_2 I_2 k_b^3(2k_b R + \sinh 2k_b R)}{2} S_{3m}S_{3n}$$

$$- \frac{E_2 I_2 k_b^3(\cos k_b R \sinh k_b R + \sin k_b R \cosh k_b R)}{2}(S_{1m}S_{3n} + S_{3m}S_{1n})$$

$$b'_{mn} = \frac{m\pi E_1 h_1}{(1-\sigma_1^2)R}\varepsilon(m-n) + \frac{\pi E_1 h_1^3}{12R^3(1-\sigma_1^2)}m^3\varepsilon(m-n)$$

$$+ \frac{E_2 I_2 k_b^3(2k_b R + \sin 2k_b R)}{2} S_{1m}S_{2n} + \frac{E_2 I_2 k_b^3(2k_b R + \sinh 2k_b R)}{2} S_{3m}S_{4n}$$

$$- \frac{E_2 I_2 k_b^3(\cos k_b R \sinh k_b R + \sin k_b R \cosh k_b R)}{2}(S_{1m}S_{4n} + S_{3m}S_{2n})$$

$$c'_{mn} = b'_{nm}$$

$$d'_{mn} = \frac{m^2\pi E_1 h_1}{(1-\sigma_1^2)R}\varepsilon(m-n) + \frac{\pi E_1 h_1^3}{12R^3(1-\sigma_1^2)}m^2\varepsilon(m-n)$$

$$+ \frac{E_2 I_2 k_b^3(2k_b R + \sin 2k_b R)}{2} S_{2m}S_{2n} + \frac{E_2 I_2 k_b^3(2k_b R + \sinh 2k_b R)}{2} S_{4m}S_{4n}$$

$$- \frac{E_2 I_2 k_b^3(\cos k_b R \sinh k_b R + \sin k_b R \cosh k_b R)}{2}(S_{2m}S_{4n} + S_{4m}S_{2n})$$

附录 2.B　由偶数周向波数组成的矩阵方程中的元素

由偶数周向波数组成的矩阵方程 (2.73) 中，质量矩阵中的元素如下：

$$a_{0n} = 2\pi\rho_1 h_1 R\varepsilon(n) + \frac{\rho_2 h_2}{2}\frac{2k_a R - \sin 2k_a R}{k_a(\sin k_a R)^2}\cos\frac{n\pi}{2}$$

$$a_{n0} = a_{0n}$$

$$b_{0n} = 0, \quad b_{n0} = b_{0n}$$

$$c_{0n} = b_{n0}, \quad c_{n0} = b_{0n}$$

$$d_{0n} = 0, \quad d_{n0} = d_{0n}$$

当 $m, n > 0$ 时，

$$a_{mn} = \pi \rho_1 h_1 R \varepsilon(m-n) + \frac{\rho_2 h_2 (2k_a R - \sin 2k_a R)}{2k_a (\sin k_a R)^2} \cos \frac{m\pi}{2} \cos \frac{n\pi}{2}$$

$$b_{mn} = 0$$

$$c_{mn} = b_{nm}$$

$$d_{mn} = \pi \rho_1 h_1 R \varepsilon(m-n)$$

由偶数周向波数组成的矩阵方程 (2.73) 中，刚度矩阵中的元素如下：

$$a'_{0n} = \frac{2\pi E_1 h_1}{(1-\sigma_1^2)R} \varepsilon(n) + \frac{E_2 h_2 k_a (2k_a R + \sin 2k_a R)}{2(1-\sigma_2^2)(\sin k_a R)^2} \cos \frac{n\pi}{2}$$

$$a'_{n0} = a'_{0n}$$

$$b'_{0n} = 0, \quad b'_{n0} = b'_{0n}$$

$$c'_{0n} = b'_{n0}, \quad c'_{n0} = b'_{0n}$$

$$d'_{0n} = 0, \quad d'_{n0} = d'_{0n}$$

当 $m, n > 0$ 时，

$$a'_{mn} = \frac{\pi E_1 h_1}{(1-\sigma_1^2)R} \varepsilon(m-n) + \frac{\pi E_1 h_1^3}{12R^3(1-\sigma_1^2)} m^4 \varepsilon(m-n)$$

$$+ \frac{E_2 h_2 k_a (2k_a R + \sin 2k_a R)}{2(1-\sigma_2^2)(\sin k_a R)^2} \cos \frac{m\pi}{2} \cos \frac{n\pi}{2}$$

$$b'_{mn} = \frac{m\pi E_1 h_1}{(1-\sigma_1^2)R} \varepsilon(m-n) + \frac{\pi E_1 h_1^3}{12R^3(1-\sigma_1^2)} m^3 \varepsilon(m-n)$$

$$c'_{mn} = b'_{nm}$$

$$d'_{mn} = \frac{m^2 \pi E_1 h_1}{(1-\sigma_1^2)R} \varepsilon(m-n) + \frac{\pi E_1 h_1^3}{12R^3(1-\sigma_1^2)} m^2 \varepsilon(m-n)$$

附录 2.C   加筋圆柱壳流固耦合动力学方程中的矩阵元素

$$a_{\alpha m} = \varepsilon_n \left\{ \delta_{\alpha m} \frac{M_s}{4} + \frac{M_r}{2} \sum_{r=1}^{N_r} \left[\left(\frac{e_2^2 n^2}{R^2} + 1 \right) \sin \left(\frac{\alpha \pi x_r}{L} + \frac{\alpha \pi}{2} \right) \sin \left(\frac{m\pi x_r}{L} + \frac{m\pi}{2} \right) \right. \right.$$

$$\times \frac{e_2^2 \pi^2 \alpha m}{L^2} \cos \left(\frac{\alpha \pi x_r}{L} + \frac{\alpha \pi}{2} \right) \cos \left(\frac{m\pi x_r}{L} + \frac{m\pi}{2} \right) \right]$$

$$+ \rho_r \pi I_p (R + e_2) \sum_{r=1}^{N_r} \left[\frac{\alpha m \pi^2}{L^2} \cos \left(\frac{\alpha \pi x_r}{L} + \frac{\alpha \pi}{2} \right) \cos \left(\frac{m\pi x_r}{L} + \frac{m\pi}{2} \right) \right] \right\} + G_{\alpha mn}$$

$$b_{\alpha m} = \varepsilon_n \frac{M_r}{2} \sum_{r=1}^{N_r} \left[\frac{n e_2}{R} \left(1 + \frac{e_2}{R} \right) \sin \left(\frac{\alpha \pi x_r}{L} + \frac{\alpha \pi}{2} \right) \sin \left(\frac{m\pi x_r}{L} + \frac{m\pi}{2} \right) \right]$$

$$c_{\alpha m} = \varepsilon_n \frac{M_r}{2} \sum_{r=1}^{N_r} \left[-\frac{e_2 \pi \alpha}{L} \cos\left(\frac{\alpha\pi x_r}{L} + \frac{\alpha\pi}{2}\right) \cos\left(\frac{m\pi x_r}{L} + \frac{m\pi}{2}\right) \right]$$

$$d_{m\alpha} = b_{\alpha m}$$

$$e_{\alpha m} = \delta_{nn}\varepsilon_n \left\{ \delta_{\alpha m} \frac{M_s}{4} + \frac{M_r}{2} \sum_{r=1}^{N_r} \left[\left(\frac{e_2}{R} + 1\right)^2 \sin\left(\frac{\alpha\pi x_r}{L} + \frac{\alpha\pi}{2}\right) \sin\left(\frac{m\pi x_r}{L} + \frac{m\pi}{2}\right) \right] \right\}$$

$$f_{\alpha m} = 0$$

$$g_{m\alpha} = c_{\alpha m}$$

$$h_{\alpha m} = 0$$

$$k_{\alpha m} = \varepsilon_n \left\{ \delta_{(\alpha+1)(m+1)}(2 - \delta_{\alpha m})\frac{M_s}{4} \right.$$
$$\left. + \frac{M_r}{2} \sum_{r=1}^{N_r} \left[\cos\left(\frac{\alpha\pi x_r}{L} + \frac{\alpha\pi}{2}\right) \cos\left(\frac{m\pi x_r}{L} + \frac{m\pi}{2}\right) \right] \right\}$$

$$a'_{\alpha m} = \varepsilon_n \left\{ \delta_{\alpha m} \left[\frac{C_2}{R^2} + \left(\frac{\alpha^2\pi^2}{L^2} + \frac{n^2}{R^2}\right)^2 C_1 + \frac{\pi p_0 L}{2}\left(1 - n^2 - \frac{\pi^2 R^2 \alpha^2}{2L^2}\right) \right] \right.$$
$$+ \sum_{r=1}^{N_r} \left[R_1(1 - n^2)^2 + R_2\left(1 + \frac{e_2 n^2}{R}\right)^2 \right] \sin\left(\frac{\alpha\pi x_r}{L} + \frac{\alpha\pi}{2}\right) \sin\left(\frac{m\pi x_r}{L} + \frac{m\pi}{2}\right)$$
$$+ \sum_{r=1}^{N_r} \left[R_3(R + e_2 - e_2 n^2)^2 + R_4 R^2 n^2 \right]$$
$$\left. \times \frac{\alpha m\pi^2}{L^2} \cos\left(\frac{\alpha\pi x_r}{L} + \frac{\alpha\pi}{2}\right) \cos\left(\frac{m\pi x_r}{L} + \frac{m\pi}{2}\right) \right\}$$

$$b'_{\alpha m} = \varepsilon_n \left\{ \delta_{\alpha m} \left[\frac{nC_2}{R^2} + C_1\left(\frac{(2-\sigma)\alpha^2\pi^2 n}{R^2 L^2} + \frac{n^3}{R^4}\right) \right] \right.$$
$$\left. + \sum_{r=1}^{N_r} \left[R_2\left(1 + \frac{e_2}{R}\right)\left(1 + \frac{e_2 n^2}{R}\right) n \right] \sin\left(\frac{\alpha\pi x_r}{L} + \frac{\alpha\pi}{2}\right) \sin\left(\frac{m\pi x_r}{L} + \frac{m\pi}{2}\right) \right\}$$

$$c'_{\alpha m} = \varepsilon_n \left\{ -\delta_{\alpha m} \frac{\sigma C_2 \alpha\pi}{RL} + \sum_{r=1}^{N_r} \left[R_3(R + e_2 - e_2 n^2)\frac{n^2 \alpha\pi}{L} + R_4\left(\frac{n^2 \alpha\pi R}{L}\right) \right] \right.$$
$$\left. \times \cos\left(\frac{\alpha\pi x_r}{L} + \frac{\alpha\pi}{2}\right) \cos\left(\frac{m\pi x_r}{L} + \frac{m\pi}{2}\right) \right\}$$

$$d'_{m\alpha} = b'_{\alpha m}$$

$$e'_{\alpha m} = \delta_{nn}\varepsilon_n \left\{ \delta_{\alpha m} \left[\frac{C_2 n^2}{R^2} + \frac{(1-\sigma)C_2 \alpha^2\pi^2}{2L^2} + \frac{C_1}{R^2}\left(\frac{n^2}{R^2} + \frac{2(1-\sigma)\alpha^2\pi^2}{L^2}\right) \right] \right.$$
$$\left. + \sum_{r=1}^{N_r} R_2\left(1 + \frac{e_2}{R}\right)^2 n^2 \sin\left(\frac{\alpha\pi x_r}{L} + \frac{\alpha\pi}{2}\right) \sin\left(\frac{m\pi x_r}{L} + \frac{m\pi}{2}\right) \right\}$$

$$f'_{\alpha m} = -\varepsilon_n \delta_{\alpha m} \frac{C_2 \alpha \pi n (1+\sigma)}{2RL}$$

$$g'_{m\alpha} = c'_{\alpha m}$$

$$h'_{m\alpha} = f'_{\alpha m}$$

$$k'_{\alpha m} = \varepsilon_n \left\{ \delta_{(\alpha+1)(m+1)} (2 - \delta_{\alpha m}) C_2 \left[\frac{\alpha^2 \pi^2}{L^2} + \frac{(1-\sigma)n^2}{2R^2} \right] \right.$$

$$\left. + \sum_{r=1}^{N_r} (R_3 n^4 + R_4 n^2) \cos\left(\frac{\alpha \pi x_r}{L} + \frac{\alpha \pi}{2} \right) \cos\left(\frac{m \pi x_r}{L} + \frac{m \pi}{2} \right) \right\}$$

其中，各参数的含义如下：$\alpha, m = 0, 1, \cdots, M$，表示轴向半波数；$n = 0, 1, \cdots, N$，表示周向波数；$\varepsilon_n = \begin{cases} 2, & n = 0 \\ 1, & n > 0 \end{cases}$，$\delta_{\alpha m} = \begin{cases} 0, & \alpha \neq m \\ 0, & \alpha = m = 0 \\ 1, & \alpha = m \neq 0 \end{cases}$；$R$ 为圆柱壳半径，L 为圆柱壳长度，h 为圆柱壳的壁厚，e_2 为环向加强筋质心与壳体中面之间的距离 (外侧环向加强筋为正，内侧环向加强筋为负)，x_r 为第 r 根环向加强筋的轴向坐标，A_2 是环向加强筋的截面积，ρ_s、E、σ 分别为圆柱壳材料的体密度、杨氏模量和泊松比，ρ_r、E_r、G_r 分别是环向加强筋材料的体密度、杨氏模量和剪切模量，$M_s = 2\rho_s \pi h R L$ 表示圆柱壳体的总质量，$M_r = 2\rho_r \pi (R + e_2) A_2$ 表示每根环向加强筋的总质量，I_p 是环向加强筋截面的扭转极惯性矩，$E_r I_x$、$E_r I_z$、$G_r J$ 分别为环向加强筋截面的轴向抗弯刚度、法向抗弯刚度和抗扭刚度；$C_1 = \dfrac{\pi E h^3 R L}{24(1-\sigma^2)}$，$C_2 = \dfrac{\pi E h R L}{2(1-\sigma^2)}$，$R_1 = \dfrac{\pi E_r I_x}{(R+e_2)^3}$，$R_2 = \dfrac{\pi E_r A_2}{R+e_2}$，$R_3 = \dfrac{\pi E_r I_z}{(R+e_2)^3}$，$R_4 = \dfrac{\pi G_r J}{(R+e_2)^3}$。两个杨氏模量 E 和 E_r 可以是复数，其中虚数部分对应结构阻尼损耗因子。

$a'_{\alpha m}$ 中的 p_0 是静水压强，考虑到了静水压引起的薄膜预应力对圆柱壳结构刚度的影响。

$a_{\alpha m}$ 中的 $G_{\alpha m n}$ 是广义附连水质量 (包括实部和虚部，其中虚部与附连水阻尼相对应)，其计算式见 (2.102) 式。

第 3 章　内部含子结构的环向加筋圆柱壳声辐射计算方法

3.1　概　　述

全浸没的水下结构, 以圆柱形潜器为例, 其耐压结构存在 "环频率", 即壳体中的纵波波长等于圆柱壳周长的频率。在环频率 (对于大型潜器, 约 200Hz) 约 700Hz 的中频段, 主船体的振动模态已非常密集, 采用纯粹的有限元数值方法分析船体结构振动和水下声辐射, 计算量将非常大。此时, 可采用统计能量法描述其振动特性, 但是, 由于船内子结构尺度小, 模态密集程度不够高, 应用统计能量法的误差会较大。本节中论述的解析/数值混合声弹性子结构方法 (mixed analytical-numerical sub-structure method, MANS 方法) 的起因, 正是解决典型水下潜器结构中频段声辐射的计算问题。

当激励频率高于船舶舱段首阶谐振频率后 [1] (也有研究者说是 2~3 倍的舱段首阶谐振频率以上), 能采用单舱段模型较准确地处理船舶结构声辐射问题。本节针对单层壳水下船舶, 提出将主船体与船内子结构分离, 采用两端简支单层加筋圆柱壳解析计算模型实现主船体结构的声弹耦合求解, 采用模态综合超单元方法获取子结构有限元数值模型的缩聚动刚度矩阵。在此基础上, 通过边界协调条件, 完成主船体与子结构的综合集成, 建立起解析/数值混合的声弹性子结构方法。该方法可有效提高计算效率和扩展计算频段范围。最后, 通过两个数值算例和一个大尺度结构的水下振动试验, 验证了方法的正确性和实用性。

3.2　船舶声弹性子结构方法的基本理论

文献 [2] 提出了船舶水/声弹性子结构分离与集成方法 (sono-elastic sub-structure separation and integration method, SSSI 方法), 该方法可避免部分子结构的修改导致整个流固耦合模型重新计算的问题。本节将简要论述该方法的基本理论。图 3.1 表示一浸没于水中的圆柱形船舶结构, 其由主船体和基座 (内部子结构) 两部分组成。应用声弹性子结构方法将图 3.1 所示的船舶结构分割成两部分, 如图 3.2 所示。不失一般性, 采用该模型论述声弹性子结构方法的具体内容。

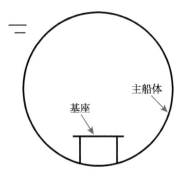

图 3.1　　内部含子结构的圆柱形船舶结构示意图

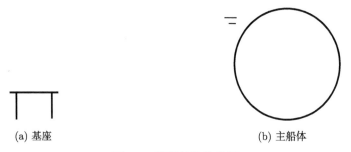

(a) 基座　　　　　　　　　　　　　　　　　　　　　(b) 主船体

图 3.2　　船舶结构的分割

3.2.1　主船体结构的动力学方程

基于模态叠加方法，可得频域内以干模态主坐标为未知量的主体结构广义动力学方程[3]：

$$\left(-\omega^2[M_A] + \mathrm{i}\omega[C_A] + [K_A]\right)\{q\} = [D_A]^{\mathrm{T}}\left(\begin{array}{c}\{F_{A1}\}\\\{F_{A2}\}\end{array}\right) \tag{3.1}$$

式中，ω 为激励角频率；$[M_A]$、$[C_A]$ 和 $[K_A]$ 分别为主船体的干模态广义质量矩阵、广义阻尼矩阵和广义刚度矩阵，均为对角矩阵 (即矩阵的非主对角元素为零)；$\{q\}$ 为待求的广义主坐标列向量；$\{F_{A1}\}$ 为作用在主船体上的外激励力列向量，$\{F_{A2}\}$ 为主船体与内部子结构的边界连接力列向量，$[D_A]$ 为对应激励力作用点的振型矩阵，上标 "T" 表示矩阵转置。如果是流固耦合的水弹性问题，则 $[M_A]$ 变为包括附连水质量在内的主船体广义质量矩阵，$[C_A]$ 变为包括附连水阻尼在内的广义阻尼矩阵，$[K_A]$ 变为包括流体广义恢复力系数在内的广义刚度矩阵，此时这三个矩阵均为满阵。

由 (3.1) 式得出主船体的广义动刚度矩阵为

$$[S_A] = -\omega^2[M_A] + \mathrm{i}\omega[C_A] + [K_A] \tag{3.2}$$

引入主船体的虚拟模态，其对应的广义坐标设为 $\{q_{虚}\}$，将主船体的动力学矩阵方程扩展为

$$\left(\begin{array}{cc} [S_A] & [0] \\ [0] & [S_{虚}] \end{array} \right) \left(\begin{array}{c} \{q\} \\ \{q_{虚}\} \end{array} \right) = \left(\begin{array}{c} [D_A]^{\mathrm{T}} \\ [I] \end{array} \right) \left(\begin{array}{c} \{F_{A1}\} \\ \{F_{A2}\} \end{array} \right) \tag{3.3}$$

式中，$[0]$ 表示所有元素为 0 的矩阵，$[I]$ 表示单位对角矩阵。取 $[S_{虚}] = [I]$，可以很容易推出

$$\{q_{虚}\} = \left(\begin{array}{c} \{F_{A1}\} \\ \{F_{A2}\} \end{array} \right) \tag{3.4}$$

将 (3.4) 式代入 (3.3) 式可得

$$\{q\} = [S_A]^{-1}[D_A]^{\mathrm{T}}\{q_{虚}\} \tag{3.5}$$

其中，上标 "-1" 表示对矩阵求逆。

主船体上存在外激励的点 (需要计算响应而非激励的点也可列入其中，此时，取外激励力列向量中相应的元素值为零) 和主船体与子结构连接点的位移响应可写成

$$\left(\begin{array}{c} \{\xi_{A1}\} \\ \{\xi_{A2}\} \end{array} \right) = [D_A]\{q\} = \left(\begin{array}{c} [D_{A1}] \\ [D_{A2}] \end{array} \right) \{q\} \tag{3.6}$$

其中，$\{\xi_{A1}\}$ 为主船体上外激励点处的位移列向量，$\{\xi_{A2}\}$ 为主船体与子结构连接点处的位移列向量。

3.2.2 内部子结构自由度动态缩聚

建立内部子结构的有限元模型，设子结构上所有节点所有自由度的位移列向量为

$$\{\eta\} = \left(\begin{array}{c} \{\eta_s\} \\ \{\eta_m\} \end{array} \right) \tag{3.7}$$

式中，带下标 "m" 的表示子结构有可能与外界接触的自由度，带下标 "s" 的表示子结构内部的自由度。于是阻尼用复刚度表达的子结构的振动方程为

$$\left(\begin{array}{cc} [K_{ss}] & [K_{sm}] \\ [K_{ms}] & [K_{mm}] \end{array} \right) \left(\begin{array}{c} \{\eta_s\} \\ \{\eta_m\} \end{array} \right) - \omega^2 \left(\begin{array}{cc} [M_{ss}] & [M_{sm}] \\ [M_{ms}] & [M_{mm}] \end{array} \right) \left(\begin{array}{c} \{\eta_s\} \\ \{\eta_m\} \end{array} \right) = \left(\begin{array}{c} \{0\} \\ \{F_m\} \end{array} \right) \tag{3.8}$$

式中，$\begin{pmatrix} [K_{ss}] & [K_{sm}] \\ [K_{ms}] & [K_{mm}] \end{pmatrix}$ 为子结构的刚度矩阵，可以是计及结构阻尼的复刚度矩

阵，$\begin{pmatrix} [M_{ss}] & [M_{sm}] \\ [M_{ms}] & [M_{mm}] \end{pmatrix}$ 为子结构的质量矩阵，$\{F_m\}$ 是作用在子结构外部自由度

上的力列向量。

进一步，令

$$\{\eta_m\} = \begin{pmatrix} \{\eta_{B1}\} \\ \{\eta_{B2}\} \end{pmatrix} \tag{3.9}$$

$$\{F_m\} = \begin{pmatrix} \{F_{B1}\} \\ \{F_{B2}\} \end{pmatrix} \tag{3.10}$$

其中，$\{\eta_{B1}\}$ 和 $\{F_{B1}\}$ 对应子结构上的外激励输入端 (包括无激励力，但要计算响应的点)，$\{\eta_{B2}\}$ 和 $\{F_{B2}\}$ 对应子结构与主体结构连接的部分。

基于子结构的有限元模型，可以通过多种方法获取子结构的输入输出振动方程，本书采用计算精度和计算效率均较优的模态综合超单元方法 [4]：

$$[Z_B] \begin{pmatrix} \{\eta_{B1}\} \\ \{\eta_{B2}\} \end{pmatrix} = \begin{pmatrix} \{F_{B1}\} \\ \{F_{B2}\} \end{pmatrix} \tag{3.11}$$

式中，$[Z_B] = \begin{pmatrix} [Z_{B11}] & [Z_{B12}] \\ [Z_{B21}] & [Z_{B22}] \end{pmatrix}$ 为子结构的缩聚动刚度矩阵。

3.2.3　主船体与内部子结构的耦合集成

主船体与内部子结构在连接处应满足位移相等的连续性条件，即

$$\{\xi_{A2}\} = \{\eta_{B2}\} \tag{3.12}$$

将 (3.5) 式、(3.6) 式代入 (3.12) 式，得

$$\{\eta_{B2}\} = [D_{A2}][S_A]^{-1}[D_A]^{\mathrm{T}}\{q_{虚}\} \tag{3.13}$$

将 (3.13) 式代入 (3.11) 式，得

$$\begin{pmatrix} [Z_{B11}] & [Z_{B12}][D_{A2}][S_A]^{-1}[D_A]^{\mathrm{T}} \\ [Z_{B21}] & [Z_{B22}][D_{A2}][S_A]^{-1}[D_A]^{\mathrm{T}} \end{pmatrix} \begin{pmatrix} \{\eta_{B1}\} \\ \{q_{虚}\} \end{pmatrix} = \begin{pmatrix} \{F_{B1}\} \\ \{F_{B2}\} \end{pmatrix} \tag{3.14}$$

为简化表达，令 (3.14) 式中的 $[D_{A2}][S_A]^{-1}[D_A]^{\mathrm{T}} = [C_2]$。再根据主体结构与内部子结构连接处作用力与反作用力的关系，即 $\{F_{A2}\} = -\{F_{B2}\}$，代入 (3.3) 式，得

$$\begin{pmatrix} \{F_{A1}\} \\ -\{F_{B2}\} \end{pmatrix} = [I]\{q_{虚}\} = \begin{pmatrix} [I_1] \\ [I_2] \end{pmatrix} \{q_{虚}\} \tag{3.15}$$

将 (3.15) 式代入 (3.14) 式，得

$$[Z_{B21}]\{\eta_{B1}\} + [Z_{B22}][C_2]\{q_{虚}\} = -[I_2]\{q_{虚}\} \tag{3.16}$$

将 (3.16) 式和 (3.15) 式中的第一式联合，可得

$$\begin{pmatrix} [0] & [I_1] \\ [Z_{B21}] & [Z_{B22}][C_2] + [I_2] \end{pmatrix} \begin{pmatrix} \{\eta_{B1}\} \\ \{q_{虚}\} \end{pmatrix} = \begin{pmatrix} \{F_{A1}\} \\ \{0\} \end{pmatrix} \tag{3.17}$$

将 (3.17) 式与 (3.14) 式中的第一式联合，可得

$$\begin{pmatrix} [Z_{B11}] & [Z_{B12}][C_2] \\ [Z_{B21}] & [Z_{B22}][C_2] + [I_2] \\ [0] & [I_1] \end{pmatrix} \begin{pmatrix} \{\eta_{B1}\} \\ \{q_{虚}\} \end{pmatrix} = \begin{pmatrix} \{F_{B1}\} \\ \{0\} \\ \{F_{A1}\} \end{pmatrix} \tag{3.18}$$

求解上述矩阵方程，可得出内部子结构激励点处的响应 $\{\eta_{B1}\}$，同时得出主船体结构的虚拟模态广义坐标 $\{q_{虚}\}$；再结合 (3.5) 式可得出主船体结构真实的干模态主坐标响应 $\{q\}$，通过模态叠加法可进一步求出结构振动响应。

多数情况下，(3.18) 式所示的矩阵维数近似等于主体结构与内部子结构之间的连接自由度数，因此整个求解规模相对较小。

多个内部子结构与主船体集成耦合的操作过程与此类同。

3.3 解析/数值混合声弹性子结构方法的基本理论

3.3.1 主船体结构的动力学方程

将主船体处理成 2.4.1 节第 4 部分中图 2.16 所示的两端简支等间距环向加筋圆柱壳模型，该模型位于无界理想声介质流场中，且两端具有无限长的刚性声障柱 (与加筋圆柱壳直径相同，不与加筋圆柱壳连接，是为了解析求解人为设定的刚性固定的声场边界条件)。直角坐标系 xyz 的原点在圆柱壳中心处。

频域内，略去简谐时间因子 $\mathrm{e}^{-\mathrm{i}\omega t}$，在任意激励力组合工况下 (即结构振动可能

是左右舷不对称的), 该加筋圆柱壳的振动位移可以表示为 [5]

$$
\begin{cases}
u(x,\theta) = \left[\sum_{m=0}^{M}\sum_{n=0}^{N} \bar{U}_{mn} \cos n\theta \cos\left(\frac{m\pi x}{L} + \frac{m\pi}{2}\right)\right] \\
\qquad + \left[\sum_{m=0}^{M}\sum_{n=0}^{N} \tilde{U}_{mn} \sin n\theta \cos\left(\frac{m\pi x}{L} + \frac{m\pi}{2}\right)\right] \\
v(x,\theta) = \left[\sum_{m=0}^{M}\sum_{n=0}^{N} \bar{V}_{mn} \sin n\theta \sin\left(\frac{m\pi x}{L} + \frac{m\pi}{2}\right)\right] \\
\qquad + \left[\sum_{m=0}^{M}\sum_{n=0}^{N} \tilde{V}_{mn} \cos n\theta \sin\left(\frac{m\pi x}{L} + \frac{m\pi}{2}\right)\right] \\
w(x,\theta) = \left[\sum_{m=0}^{M}\sum_{n=0}^{N} \bar{W}_{mn} \cos n\theta \sin\left(\frac{m\pi x}{L} + \frac{m\pi}{2}\right)\right] \\
\qquad + \left[\sum_{m=0}^{M}\sum_{n=0}^{N} \tilde{W}_{mn} \sin n\theta \sin\left(\frac{m\pi x}{L} + \frac{m\pi}{2}\right)\right]
\end{cases}
\tag{3.19}
$$

式中, 下标 "m" 称为轴向半波数, 下标 "n" 称为周向波数; $u(x,\theta)$ 为圆柱壳上的点沿轴向的位移, $v(x,\theta)$ 为圆柱壳上的点沿切向的位移, $w(x,\theta)$ 为圆柱壳上的点沿法向的位移, L 为圆柱壳的长度; $\bar{U}_{mn}$、$\bar{V}_{mn}$、$\bar{W}_{mn}$、$\tilde{U}_{mn}$、$\tilde{V}_{mn}$、$\tilde{W}_{mn}$ 为广义坐标。

当 $M \to \infty, N \to \infty$ 时, (3.19) 式表示的振动形态是严格完备的。一般情况下, 根据计算频率的大小, 截取有限项即可保证较好的收敛精度, 可通过试算确定截取项的多少。

由于单层环向加筋圆柱壳具有轴对称的结构特点, 所以其不同周向波数的振动模态之间是解耦的, 不同周向波数模态之间的广义水动力系数 (附连水质量、附连水阻尼) 也不存在耦合; 且相同周向波数下的上下对称和反对称模态之间也是不耦合的。将不同周向波数的振动模态进行分类, 可引入描述主船体振动的广义坐标列向量为

$$
\{q\} = \left(\{q_0\}^{\mathrm{T}}, \{q_1\}^{\mathrm{T}}, \cdots, \{q_N\}^{\mathrm{T}}\right)^{\mathrm{T}}
\tag{3.20}
$$

对应于每一个周向波数下的广义坐标列向量为

$$
\begin{aligned}
\{q_n\} = \{ & \bar{W}_{0n}, \cdots, \bar{W}_{Mn}, \tilde{W}_{0n}, \cdots, \tilde{W}_{Mn}, \bar{V}_{0n}, \cdots, \bar{V}_{Mn}, \tilde{V}_{0n}, \cdots, \\
& \tilde{V}_{Mn}, \bar{U}_{0n}, \cdots, \bar{U}_{Mn}, \tilde{U}_{0n}, \cdots, \tilde{U}_{Mn} \}^{\mathrm{T}}
\end{aligned}
\tag{3.21}
$$

同 2.4 节所述, 分别采用薄壳模型和梁模型处理圆柱壳和环向加强筋, 将主船体的杨氏模量设成复数, 计入结构阻尼损耗, 可得如下各周向波数解耦的矩阵形式

的流固耦合动力学方程组：

$$
-\omega^2 \begin{pmatrix}
[\bar{a}_{\alpha\beta}] & [0] & [\bar{b}_{\alpha\beta}] & [0] & [\bar{c}_{\alpha\beta}] & [0] \\
[0] & [\tilde{a}_{\alpha\beta}] & [0] & [\tilde{b}_{\alpha\beta}] & [0] & [\tilde{c}_{\alpha\beta}] \\
[\bar{d}_{\alpha\beta}] & [0] & [\bar{e}_{\alpha\beta}] & [0] & [\bar{f}_{\alpha\beta}] & [0] \\
[0] & [\tilde{d}_{\alpha\beta}] & [0] & [\tilde{e}_{\alpha\beta}] & [0] & [\tilde{f}_{\alpha\beta}] \\
[\bar{g}_{\alpha\beta}] & [0] & [\bar{h}_{\alpha\beta}] & [0] & [\bar{k}_{\alpha\beta}] & [0] \\
[0] & [\tilde{g}_{\alpha\beta}] & [0] & [\tilde{h}_{\alpha\beta}] & [0] & [\tilde{k}_{\alpha\beta}]
\end{pmatrix} \{q_n\}
$$

$$
+ \begin{pmatrix}
[\bar{a}'_{\alpha\beta}] & [0] & [\bar{b}'_{\alpha\beta}] & [0] & [\bar{c}'_{\alpha\beta}] & [0] \\
[0] & [\tilde{a}'_{\alpha\beta}] & [0] & [\tilde{b}'_{\alpha\beta}] & [0] & [\tilde{c}'_{\alpha\beta}] \\
[\bar{d}'_{\alpha\beta}] & [0] & [\bar{e}'_{\alpha\beta}] & [0] & [\bar{f}'_{\alpha\beta}] & [0] \\
[0] & [\tilde{d}'_{\alpha\beta}] & [0] & [\tilde{e}'_{\alpha\beta}] & [0] & [\tilde{f}'_{\alpha\beta}] \\
[\bar{g}'_{\alpha\beta}] & [0] & [\bar{h}'_{\alpha\beta}] & [0] & [\bar{k}'_{\alpha\beta}] & [0] \\
[0] & [\tilde{g}'_{\alpha\beta}] & [0] & [\tilde{h}'_{\alpha\beta}] & [0] & [\tilde{k}'_{\alpha\beta}]
\end{pmatrix} \{q_n\} = \{F_n\} \quad (3.22)
$$

其中，矩阵 $[\bar{a}_{\alpha\beta}]$ 和 $[\tilde{a}_{\alpha\beta}]$ 包含了流体广义水动力系数 (包括实部和虚部) 的影响。(3.22) 式中 $\{F_n\}$ 为广义激励力列向量，可根据模态广义力的定义计算得到 (力乘以模态振型位移)；等式左端矩阵中的各元素表达式见附录 3。

参照 (3.2) 式，由 (3.22) 式可得出主船体的广义动刚度矩阵 $[S_A]$。由于主船体各周向波数对应的模态是解耦的，所以广义动刚度矩阵可表示为如下对角形式：

$$
[S_A] = \begin{pmatrix}
[S_{A0}] & \cdots & [0] & \cdots & [0] \\
\vdots & \ddots & \vdots & & \vdots \\
[0] & \cdots & [S_{An}] & \cdots & [0] \\
\vdots & & \vdots & \ddots & \vdots \\
[0] & \cdots & [0] & \cdots & [S_{AN}]
\end{pmatrix} \quad (3.23)
$$

3.3.2 主船体与内部子结构的耦合集成

解析加筋圆柱壳计算模型采用的是柱坐标系, 而子结构有限元模型采用的是直角坐标系; 因此在进行子结构耦合前, 需要将子结构在直角坐标系中的各物理量转化到相应的柱坐标系中。设子结构节点在直角坐标系和圆柱坐标系中的位移 (前三个是线位移, 后三个是角位移, 每个节点共六个自由度) 分别为 $\{u_b, v_b, w_b, \theta_{bx}, \theta_{by}, \theta_{bz}\}^T$, $\{u_c, v_c, w_c, \theta_{cx}, \theta_{c\theta}, \theta_{cr}\}^T$, 下标 "$b$" 表示直角坐标系, 下标 "$c$" 表示圆柱坐标系, 两者间存在如下的转换关系：

$$\left\{\begin{array}{c} u_c \\ v_c \\ w_c \\ \theta_{cx} \\ \theta_{c\theta} \\ \theta_{cr} \end{array}\right\} = [t_b]^{\mathrm{T}} \left\{\begin{array}{c} u_b \\ v_b \\ w_b \\ \theta_{bx} \\ \theta_{by} \\ \theta_{bz} \end{array}\right\} \tag{3.24}$$

式中，转换矩阵 $[t_b] = \begin{bmatrix} 1 & 0 & 0 & 0 & 0 & 0 \\ 0 & \sin\theta & -\cos\theta & 0 & 0 & 0 \\ 0 & \cos\theta & \sin\theta & 0 & 0 & 0 \\ 0 & 0 & 0 & 1 & 0 & 0 \\ 0 & 0 & 0 & 0 & \sin\theta & -\cos\theta \\ 0 & 0 & 0 & 0 & \cos\theta & \sin\theta \end{bmatrix}$，角度 θ 的含义见

图 2.16，显然 $[t_b]$ 为正交矩阵，即 $[t_b]^{\mathrm{T}} = [t_b]^{-1}$。再结合 (3.11) 式，可推得子结构
在柱坐标系中的自由度缩聚后的动力学方程：

$$[T_b]^{\mathrm{T}}[Z_B][T_b][T_b]^{\mathrm{T}} \left(\begin{array}{c} \{\eta_{B1}\} \\ \{\eta_{B2}\} \end{array} \right) = [T_b]^{\mathrm{T}} \left(\begin{array}{c} \{F_{B1}\} \\ \{F_{B2}\} \end{array} \right) \tag{3.25}$$

式中，$[T_b] = \left(\begin{array}{ccc} [t_b] & & \\ & \ddots & \\ & & [t_b] \end{array} \right)$，其中子矩阵 $[t_b]$ 的个数等于子结构动力缩聚后的

节点数，显然 $[T_b]$ 也是正交矩阵；$[T_b]^{\mathrm{T}}[T_b] = [T_b][T_b]^{\mathrm{T}} = [I]$；$[T_b]^{\mathrm{T}}[Z_B][T_b]$ 为子结

构在柱坐标系中的缩聚动刚度矩阵，$[T_b]^{\mathrm{T}} \left(\begin{array}{c} \{\eta_{B1}\} \\ \{\eta_{B2}\} \end{array} \right)$ 为子结构在柱坐标系中的缩

聚自由度位移列向量，$[T_b]^{\mathrm{T}} \left(\begin{array}{c} \{F_{B1}\} \\ \{F_{B2}\} \end{array} \right)$ 为子结构在柱坐标系中的缩聚自由度激励

力列向量。

　　为实现子结构与主船体的耦合，需将子结构与主船体连接处每个节点的五个
自由度 (不含圆柱壳面内的旋转自由度) 提取出来，即需要对 (3.25) 式中的向量和
矩阵进行重排分块：

$$[Z_{B柱}] \left(\begin{array}{c} \{\eta_{B柱1}\} \\ \{\eta_{B柱2}\} \end{array} \right) = \left(\begin{array}{c} \{F_{B柱1}\} \\ \{F_{B柱2}\} \end{array} \right) \tag{3.26}$$

其中，$\begin{pmatrix} \{\eta_{B柱1}\} \\ \{\eta_{B柱2}\} \end{pmatrix} = [T_a]^{\mathrm{T}}[T_b]^{\mathrm{T}} \begin{pmatrix} \{\eta_{B1}\} \\ \{\eta_{B2}\} \end{pmatrix}$，$\begin{pmatrix} \{F_{B柱1}\} \\ \{F_{B柱2}\} \end{pmatrix} = [T_a]^{\mathrm{T}}[T_b]^{\mathrm{T}} \begin{pmatrix} \{\eta_{B1}\} \\ \{\eta_{B2}\} \end{pmatrix}$，

$[E_{B柱}] = \begin{pmatrix} [Z_{B柱11}] & [Z_{B柱12}] \\ [Z_{B柱21}] & [Z_{B柱22}] \end{pmatrix} = [T_a]^{\mathrm{T}}[T_b]^{\mathrm{T}}[Z_B][T_b][T_a]$；矩阵 $[T_a]$ 为一正交矩阵，用于改变子结构节点自由度的前后秩序。进行重排分块后，向量 $\{\eta_{B柱1}\}$ 中包含了子结构经动力缩聚与主船体连接的节点的六个自由度及与主船体连接的节点的 θ_{cr} 自由度；$\{\eta_{B柱2}\}$ 中包含了子结构与主船体连接的节点的五个自由度 (除 θ_{cr} 外)。分块向量 $\{F_{B柱1}\}$ 和 $\{F_{B柱2}\}$ 及分块矩阵 $[Z_{B柱11}]$、$[Z_{B柱12}]$、$[Z_{B柱21}]$ 和 $[Z_{B柱22}]$ 分别与之相对应。

参照 3.2 节的理论推导过程，可得出解析/数值混合的主船体与子结构耦合动力学方程：

$$\begin{pmatrix} [Z_{B柱11}] & [Z_{B柱12}][C_2] \\ [Z_{B柱21}] & [Z_{B柱22}][C_2]+[I_2] \\ [0] & [I_1] \end{pmatrix} \begin{pmatrix} \{\eta_{B柱1}\} \\ \{q_{虚}\} \end{pmatrix} = \begin{pmatrix} \{F_{B柱1}\} \\ \{0\} \\ \{F_{A柱1}\} \end{pmatrix} \tag{3.27}$$

式中，$\begin{pmatrix} [I_1] \\ [I_2] \end{pmatrix} = [I]$；$\{F_{A柱1}\}$ 为圆柱坐标系中的作用在主船体上的外激励力列向量 (每个激励节点包含五个自由度分量)；$[C_2] = [D_{A柱2}][S_A]^{-1}[D_{A柱}]^{\mathrm{T}}$，$[D_{A柱}] = \begin{pmatrix} [D_{A柱1}] \\ [D_{A柱2}] \end{pmatrix}$ 为主船体上选取的点在圆柱壳坐标系中的位移振型矩阵，可结合(3.19)式得出，其中 $[D_{A柱1}]$ 与外激励力作用点对应，$[D_{A柱2}]$ 与主船体和子结构的连接点对应，每个点含有五个自由度。主船体的模态振型矩阵由各周向波数的模态振型矩阵组合而成：

$$[D_{A柱}] = \begin{pmatrix} [D_{A柱}^0] & \cdots & [D_{A柱}^n] & \cdots & [D_{A柱}^N] \end{pmatrix} \tag{3.28}$$

$$[D_{A柱2}] = \begin{pmatrix} [D_{A柱2}^0] & \cdots & [D_{A柱2}^n] & \cdots & [D_{A柱2}^N] \end{pmatrix} \tag{3.29}$$

由 (3.28) 式、(3.29) 式与 (3.23) 式，可得

$$[C_2] = \sum_{n=0}^{N} [D_{A柱2}^n][S_{An}]^{-1}[D_{A柱}^n]^{\mathrm{T}} \tag{3.30}$$

由于加筋圆柱壳各周向波数模态之间的解耦，在求解 $[C_2]$ 时，将一个大矩阵的运算分解成了 $N+1$ 个小矩阵的运算，使得计算量大幅减少。

求解 (3.27) 式所示的矩阵方程，可得到子结构节点的位移响应 $\{\eta_{B柱1}\}$ 和主船体的虚拟模态广义坐标 $\{q_{虚}\}$；应用 (3.5) 式获得主船体真实的主坐标响应 $\{q\}$，

由此可进一步求出船体振动及其水中辐射声。利用不同周向波数模态之间解耦的特性可以减少计算量。

3.3.3 水中声辐射计算

附录 3 中的 (3A.1) 式给出了加筋圆柱壳模态广义附连水质量 (包括实部和虚部，其中虚部与附连水阻尼对应) 的计算公式，应用求解得到的广义坐标响应 $\{q\}$ (见 (3.20) 式、(3.21) 式)，可分别计算出与每个周向波数 n 对应的上下对称和反对称模态的辐射声功率[6]：

$$\bar{P}_n(\omega) = \frac{1}{2}\mathrm{Re}\left\{\sum_{\beta=1}^{M}\sum_{\alpha=1}^{M}\left[(-\mathrm{i}\omega)^2\bar{W}_{\alpha n}G_{\alpha\beta n}(-\mathrm{i}\omega\bar{W}_{\beta n})^*\right]\right\} \tag{3.31}$$

$$\tilde{P}_n(\omega) = \frac{1}{2}\mathrm{Re}\left\{\sum_{\beta=1}^{M}\sum_{\alpha=1}^{M}\left[(-\mathrm{i}\omega)^2\tilde{W}_{\alpha n}G_{\alpha\beta n}(-\mathrm{i}\omega\tilde{W}_{\beta n})^*\right]\right\} \tag{3.32}$$

式中，上标 "*" 表示取共轭。

总的辐射声功率为

$$P_{\mathrm{all}}(\omega) = \sum_{n=0}^{N}\bar{P}_n(\omega) + \sum_{n=1}^{N}\tilde{P}_n(\omega) \tag{3.33}$$

相应的由辐射声功率换算出的声源级的计算公式同 (2.129) 式。

3.4 算 例 验 证

采用如图 3.3 所示的计算模型，验证上述解析/数值混合声弹性子结构方法及其计算程序的正确性。该模型中弹性圆柱壳两端是简支边界条件；两端的刚性障柱是刚性固定的，且不与弹性圆柱壳连接，只起到声学边界的作用，长度是弹性圆柱壳的 5 倍；内部的基座与弹性圆柱壳固连。该结构浸没在无界水域中，水介质的声学参数同 2.4.2 节第 3 部分。先采用数值声弹性计算方法[3]，计算该模型的振动响应及水下声辐射，模型两端各延伸的一段刚性障柱，是为了将该数值计算模型与 3.3 节中所述的解析/数值混合计算模型相对应 (在解析求解圆柱壳的声弹性问题时，引入了无限长刚性声障柱的边界条件)。同时，再采用解析/数值混合声弹性子结构方法进行求解，与上述数值解进行比对，相互验证。计算采用的结构动力学参数为：密度 7800kg/m³，杨氏模量 2.1×10^{11}N/m²，泊松比 0.3，阻尼损耗因子 0.02。结构尺寸及两种计算工况如表 3.1 所示。

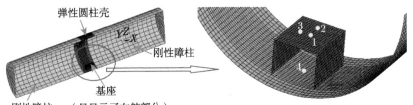

图 3.3　考核解析/数值混合子结构方法的计算模型

表 3.1　结构尺寸和计算工况

结构尺寸	圆柱壳半径	圆柱壳长度	圆柱壳厚度	基座长度	基座宽度	基座高度	基座面板厚	基座腹板厚
	2.65m	2m	26mm	1.2m	1m	0.8m	30mm	20mm
计算工况	工况 1				工况 2			
	垂向单位力激励 1 号点，计算 1 号、2 号、3 号和 4 号点的垂向速度响应，以及水下辐射声功率				纵向单位力激励 1 号点，计算 1 号点的纵向速度响应，2 号、3 号和 4 号点的垂向速度响应，以及水下辐射声功率			

　　计算结果示于图 3.4、图 3.5 中。可见，两种计算方法所得的结果吻合良好，验证了本章所述解析/数值混合声弹性子结构方法的正确性。造成图 3.4(e) 和图 3.5(e)

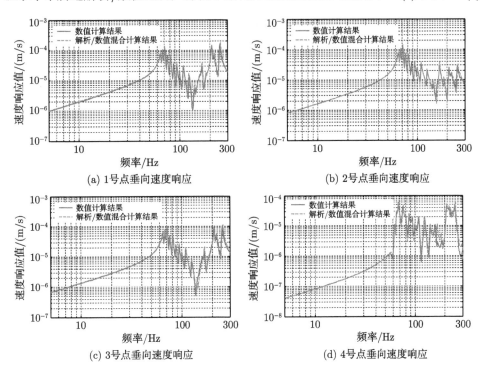

(a) 1号点垂向速度响应　　　　　　　　　　(b) 2号点垂向速度响应

(c) 3号点垂向速度响应　　　　　　　　　　(d) 4号点垂向速度响应

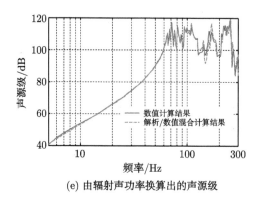

(e) 由辐射声功率换算出的声源级

图 3.4 工况 1 下结构振动响应及水下辐射声比对

的声源级计算结果存在局部小量差异的主要原因之一是数值计算中的有限长刚性障柱边界不能完全模拟解析/数值混合计算中的无限长刚性障柱边界。理论上，根据激励和结构的对称性，工况 2 的 3 号、4 号点的垂向速度响应应为零，由于数值误差的原因，计算得到的结果并不为零，而是数量级极小的量，如图 3.5(c) 和 (d) 所示；也可以看出，解析/数值混合计算方法比纯数值计算方法具有更小的数值误差。

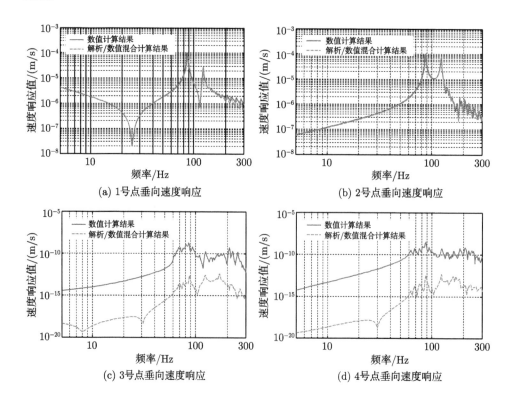

(a) 1号点垂向速度响应

(b) 2号点垂向速度响应

(c) 3号点垂向速度响应

(d) 4号点垂向速度响应

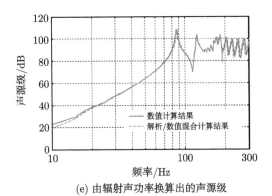

(e) 由辐射声功率换算出的声源级

图 3.5 工况 2 下结构振动响应及水下辐射声比对

针对图 3.6 所示半径约为 2.5m 的单层加肋圆柱壳结构[3]，计算其在无界水域中，单位垂向力激励基座面板引起的水下辐射噪声。分成低、中、高三个频段，分别采用数值声弹性计算方法、解析/数值混合声弹性子结构方法和统计能量分析 (SEA) 方法进行计算，结果如图 3.7 所示。可见，三种方法的计算结果在交叠频段处实现了较好的串接，达到了相互验证的作用；同时说明，本章所述方法适用于处理典型单层壳水下船舶结构的中频段声辐射问题。

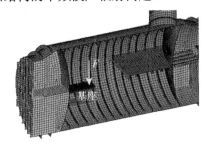

图 3.6 单层加肋圆柱壳结构模型

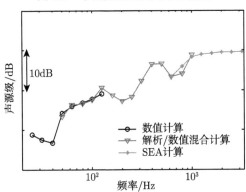

图 3.7 三种方法计算出的 1/3 倍频程声源级

3.5　试 验 验 证

开展图 3.6 所示单层加肋圆柱壳结构的水下振动测试试验 (图 3.8)。试验时，采用电磁激振机垂直激励基座面板，同时测量激振力及激励点处的垂向加速度响应。将振动响应除以激励力，获得该点的加速度传递函数。采用数值声弹性计算方法和解析/数值混合声弹性子结构方法 (计算模型如图 3.9 所示) 分频段计算相应的振动响应，与试验结果进行比对，结果如图 3.10 所示。整体上，计算结果与试验结果吻合良好，说明了本章所述的计算方法具有较好的工程实用价值；200Hz 以上频段的误差是由于解析/数值混合计算模型与实际结构之间存在一定的差异，主要涉及圆柱壳边界条件的处理、基座结构的有限元建模等因素。

图 3.8　振动测试现场照片

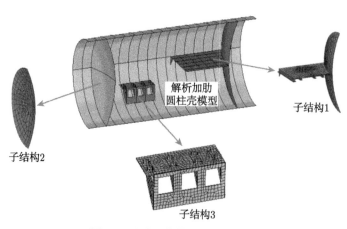

图 3.9　解析/数值混合计算模型

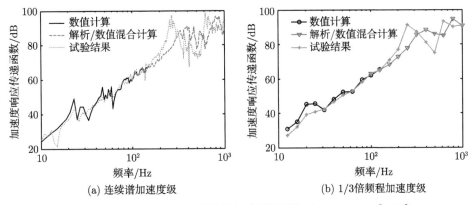

(a) 连续谱加速度级   (b) 1/3倍频程加速度级

图 3.10 基座面板振动响应计算与试验结果比对 (ref $1\times10^{-6}\text{m/s}^2$)

3.6 本章小结

本章将动态子结构思想与船舶声弹性分析方法相结合，通过引入主船体虚拟模态的概念，论述了船舶声弹性子结构分离及集成方法 (SSSI 方法) 的基本理论。在此基础上，针对圆柱壳形式的水下船舶结构特点，提出解析/数值混合的船舶声弹性子结构方法 (MANS 方法)，并推导了相关的理论公式。

在 MANS 方法中，采用解析方法处理主船体的声弹耦合作用，计算效率较高，且计算精度基本不受频带限制。此外，当主船体固定时，应用 MANS 方法可以方便且高效地修改局部结构进行计算分析、优化迭代。因此，从工程应用而言，MANS 方法能有效提高计算效率和扩展计算频率范围。并且，该方法适用于中频段的结构振动声辐射计算，可起到上下衔接数值计算与统计能量法计算的作用。

通过内部含基座的圆柱壳结构的水中振动传递及声辐射算例，考核验证了 MANS 方法及其计算程序的正确性。通过内部含基座的大尺度单层加肋圆柱壳结构声辐射的三频段串接计算，说明本书所述的 MANS 方法适用于处理典型单层圆柱壳水下船舶结构的中频段声辐射计算问题。进一步，通过大尺度单层加肋圆柱壳结构的水下振动试验，充分验证了本章所述理论方法的实用性，并展示了其工程应用前景。

参 考 文 献

[1] 沈顺根, 吴文伟. 结构振动引起水下噪声物理数学模型及工程近似估算公式 [R]. 中国船舶科学研究中心技术报告, 1996.

[2] 邹明松, 吴有生. 水弹性子结构分离及集成方法 [J]. 船舶力学, 2014, 18(5): 574-580.

[3] 邹明松. 船舶三维声弹性理论 [D]. 中国船舶科学研究中心博士学位论文, 2014.

[4] 恽伟君, 段根宝, 胡仲根. 模态综合超单元法及其在船舶动态计算中的应用 [J]. 上海力学, 1982, (4): 8-18.

[5] 曹志远. 板壳振动理论 [M]. 北京: 中国铁道出版社, 1989.

[6] 邹明松, 沈顺根. 舱段结构动态特性和水下辐射噪声研究 [R]. 中国船舶科学研究中心技术报告, 2009.

附录 3　加筋圆柱壳流固耦合动力学方程中的矩阵元素

$$
\begin{aligned}
\bar{a}_{\alpha\beta} = \varepsilon_n \Bigg\{ & \delta_{\alpha\beta}\frac{M_s}{4} + \frac{M_r}{2}\sum_{r=1}^{N_r}\left[\left(\frac{e_2^2 n^2}{R^2}+1\right)\sin\left(\frac{\alpha\pi x_r}{L}+\frac{\alpha\pi}{2}\right)\sin\left(\frac{\beta\pi x_r}{L}+\frac{\beta\pi}{2}\right)\right. \\
& +\left.\frac{e_2^2\pi^2\alpha\beta}{L^2}\cos\left(\frac{\alpha\pi x_r}{L}+\frac{\alpha\pi}{2}\right)\cos\left(\frac{\beta\pi x_r}{L}+\frac{\beta\pi}{2}\right)\right] + \rho_r\pi I_p(R+e_2) \\
& \times\sum_{r=1}^{N_r}\left[\frac{\alpha\beta\pi^2}{L^2}\cos\left(\frac{\alpha\pi x_r}{L}+\frac{\alpha\pi}{2}\right)\cos\left(\frac{\beta\pi x_r}{L}+\frac{\beta\pi}{2}\right)\right] \Bigg\} + G_{\alpha\beta n}
\end{aligned}
$$

$$
\tilde{a}_{\alpha\beta} = \begin{cases} 0, & n=0 \\ \bar{a}_{\alpha\beta}, & n\neq 0 \end{cases}
$$

$$
\bar{b}_{\alpha\beta} = \varepsilon_n\frac{M_r}{2}\sum_{r=1}^{N_r}\left[\frac{ne_2}{R}\left(1+\frac{e_2}{R}\right)\sin\left(\frac{\alpha\pi x_r}{L}+\frac{\alpha\pi}{2}\right)\sin\left(\frac{\beta\pi x_r}{L}+\frac{\beta\pi}{2}\right)\right]
$$

$$
\tilde{b}_{\alpha\beta} = -\bar{b}_{\alpha\beta}
$$

$$
\bar{c}_{\alpha\beta} = \varepsilon_n\frac{M_r}{2}\sum_{r=1}^{N_r}\left[-\frac{e_2\pi\alpha}{L}\cos\left(\frac{\alpha\pi x_r}{L}+\frac{\alpha\pi}{2}\right)\cos\left(\frac{\beta\pi x_r}{L}+\frac{\beta\pi}{2}\right)\right]
$$

$$
\tilde{c}_{\alpha\beta} = \begin{cases} 0, & n=0 \\ \bar{c}_{\alpha\beta}, & n\neq 0 \end{cases}
$$

$$
\bar{d}_{\beta\alpha} = \bar{b}_{\alpha\beta}
$$

$$
\tilde{d}_{\alpha\beta} = -\bar{d}_{\alpha\beta}
$$

$$
\bar{e}_{\alpha\beta} = \delta_{nn}\varepsilon_n\left\{\delta_{\alpha\beta}\frac{M_s}{4} + \frac{M_r}{2}\sum_{r=1}^{N_r}\left[\left(\frac{e_2}{R}+1\right)^2\sin\left(\frac{\alpha\pi x_r}{L}+\frac{\alpha\pi}{2}\right)\sin\left(\frac{\beta\pi x_r}{L}+\frac{\beta\pi}{2}\right)\right]\right\}
$$

$$
\tilde{e}_{\alpha\beta} = \varepsilon_n\left\{\delta_{\alpha\beta}\frac{M_s}{4} + \frac{M_r}{2}\sum_{r=1}^{N_r}\left[\left(\frac{e_2}{R}+1\right)^2\sin\left(\frac{\alpha\pi x_r}{L}+\frac{\alpha\pi}{2}\right)\sin\left(\frac{\beta\pi x_r}{L}+\frac{\beta\pi}{2}\right)\right]\right\}
$$

$$
\bar{f}_{\alpha\beta} = \tilde{f}_{\alpha\beta} = 0
$$

$$
\bar{g}_{\beta\alpha} = \bar{c}_{\alpha\beta}
$$

$$
\tilde{g}_{\beta\alpha} = \tilde{c}_{\alpha\beta}
$$

$$\bar{h}_{\alpha\beta} = \tilde{h}_{\alpha\beta} = 0$$

$$\bar{k}_{\alpha\beta} = \varepsilon_n \left\{ \delta_{(\alpha+1)(\beta+1)}(2-\delta_{\alpha\beta})\frac{M_s}{4} + \frac{M_r}{2}\sum_{r=1}^{N_r}\left[\cos\left(\frac{\alpha\pi x_r}{L}+\frac{\alpha\pi}{2}\right)\cos\left(\frac{\beta\pi x_r}{L}+\frac{\beta\pi}{2}\right)\right]\right\}$$

$$\tilde{k}_{\alpha\beta} = \begin{cases} 0, & n = 0 \\ \bar{k}_{\alpha\beta}, & n \neq 0 \end{cases}$$

$$\bar{a}'_{\alpha\beta} = \varepsilon_n \left\{ \delta_{\alpha\beta}\left[\frac{C_2}{R^2} + \left(\frac{\alpha^2\pi^2}{L^2}+\frac{n^2}{R^2}\right)^2 C_1 + \frac{\pi p_0 L}{2}\left(1-n^2-\frac{\pi^2 R^2\alpha^2}{2L^2}\right)\right]\right.$$

$$+ \sum_{r=1}^{N_r}\left[R_1(1-n^2)^2 + R_2\left(1+\frac{e_2 n^2}{R}\right)^2\right]\sin\left(\frac{\alpha\pi x_r}{L}+\frac{\alpha\pi}{2}\right)\sin\left(\frac{\beta\pi x_r}{L}+\frac{\beta\pi}{2}\right)$$

$$+ \sum_{r=1}^{N_r}\left[R_3(R+e_2-e_2 n^2)^2 + R_4 R^2 n^2\right]\frac{\alpha\beta\pi^2}{L^2}$$

$$\left. \times \cos\left(\frac{\alpha\pi x_r}{L}+\frac{\alpha\pi}{2}\right)\cos\left(\frac{\beta\pi x_r}{L}+\frac{\beta\pi}{2}\right)\right\}$$

$$\tilde{a}'_{\alpha\beta} = \begin{cases} 0, & n = 0 \\ \bar{a}'_{\alpha\beta}, & n \neq 0 \end{cases}$$

$$\bar{b}'_{\alpha\beta} = \varepsilon_n \left\{ \delta_{\alpha\beta}\left[\frac{nC_2}{R^2} + C_1\left(\frac{(2-\sigma)\alpha^2\pi^2 n}{R^2 L^2}+\frac{n^3}{R^4}\right)\right]\right.$$

$$\left. + \sum_{r=1}^{N_r}\left[R_2\left(1+\frac{e_2}{R}\right)\left(1+\frac{e_2 n^2}{R}\right)n\right]\sin\left(\frac{\alpha\pi x_r}{L}+\frac{\alpha\pi}{2}\right)\sin\left(\frac{\beta\pi x_r}{L}+\frac{\beta\pi}{2}\right)\right\}$$

$$\tilde{b}'_{\alpha\beta} = -\bar{b}'_{\alpha\beta}$$

$$\bar{c}'_{\alpha\beta} = \varepsilon_n \left\{ -\delta_{\alpha\beta}\frac{\sigma C_2\alpha\pi}{RL} + \sum_{r=1}^{N_r}\left[R_3(R+e_2-e_2 n^2)\frac{n^2\alpha\pi}{L}\right.\right.$$

$$\left.\left. + R_4\left(\frac{n^2\alpha\pi R}{L}\right)\right]\cos\left(\frac{\alpha\pi x_r}{L}+\frac{\alpha\pi}{2}\right)\cos\left(\frac{\beta\pi x_r}{L}+\frac{\beta\pi}{2}\right)\right\}$$

$$\tilde{c}'_{\alpha\beta} = \begin{cases} 0, & n = 0 \\ \bar{c}'_{\alpha\beta}, & n \neq 0 \end{cases}$$

$$\bar{d}'_{\beta\alpha} = \bar{b}'_{\alpha\beta}$$

$$\tilde{d}'_{\alpha\beta} = -\bar{d}'_{\alpha\beta}$$

$$\bar{e}'_{\alpha\beta} = \delta_{nn}\varepsilon_n \left\{ \delta_{\alpha\beta}\left[\frac{C_2 n^2}{R^2} + \frac{(1-\sigma)C_2\alpha^2\pi^2}{2L^2} + \frac{C_1}{R^2}\left(\frac{n^2}{R^2}+\frac{2(1-\sigma)\alpha^2\pi^2}{L^2}\right)\right]\right.$$

$$\left. + \sum_{r=1}^{N_r}R_2\left(1+\frac{e_2}{R}\right)^2 n^2\sin\left(\frac{\alpha\pi x_r}{L}+\frac{\alpha\pi}{2}\right)\sin\left(\frac{\beta\pi x_r}{L}+\frac{\beta\pi}{2}\right)\right\}$$

$$\tilde{e}'_{\alpha\beta} = \varepsilon_n\left\{\delta_{\alpha\beta}\left[\frac{C_2 n^2}{R^2} + \frac{(1-\sigma)C_2\alpha^2\pi^2}{2L^2} + \frac{C_1}{R^2}\left(\frac{n^2}{R^2} + \frac{2(1-\sigma)\alpha^2\pi^2}{L^2}\right)\right]\right.$$

$$\left. + \sum_{r=1}^{N_r} R_2\left(1 + \frac{e_2}{R}\right)^2 n^2 \sin\left(\frac{\alpha\pi x_r}{L} + \frac{\alpha\pi}{2}\right)\sin\left(\frac{\beta\pi x_r}{L} + \frac{\beta\pi}{2}\right)\right\}$$

$$\bar{f}'_{\alpha\beta} = -\varepsilon_n\delta_{\alpha\beta}\frac{C_2\alpha\pi n(1+\sigma)}{2RL}$$

$$\tilde{f}'_{\alpha\beta} = -\bar{f}'_{\alpha\beta}$$

$$\bar{g}'_{\beta\alpha} = \bar{c}'_{\alpha\beta}$$

$$\tilde{g}'_{\beta\alpha} = \tilde{c}'_{\alpha\beta}$$

$$\bar{h}'_{\beta\alpha} = \bar{f}'_{\alpha\beta}$$

$$\tilde{h}'_{\beta\alpha} = \tilde{f}'_{\alpha\beta}$$

$$\bar{k}'_{\alpha\beta} = \varepsilon_n\left\{\delta_{(\alpha+1)(\beta+1)}(2 - \delta_{\alpha\beta})C_2\left[\frac{\alpha^2\pi^2}{L^2} + \frac{(1-\sigma)n^2}{2R^2}\right]\right.$$

$$\left. + \sum_{r=1}^{N_r}(R_3 n^4 + R_4 n^2)\cos\left(\frac{\alpha\pi x_r}{L} + \frac{\alpha\pi}{2}\right)\cos\left(\frac{\beta\pi x_r}{L} + \frac{\beta\pi}{2}\right)\right\}$$

$$\tilde{k}'_{\alpha\beta} = \begin{cases} 0, & n = 0 \\ \bar{k}'_{\alpha\beta}, & n \neq 0 \end{cases}$$

其中, 各参数的含义如下: $\alpha, \beta = 0, 1, \cdots, M$, 表示轴向半波数; $n = 0, 1, \cdots, N$, 表示周向波数; $\varepsilon_n = \begin{cases} 2, & n = 0 \\ 1, & n > 0 \end{cases}$, $\delta_{\alpha\beta} = \begin{cases} 0, & \alpha \neq \beta \\ 0, & \alpha = \beta = 0 \\ 1, & \alpha = \beta \neq 0 \end{cases}$; R 为圆柱壳半径, L 为圆柱壳长度, h 为圆柱壳的壁厚, e_2 为环向加强筋质心与壳体中面之间的距离 (外侧环向加强筋为正, 内侧环向加强筋为负), x_r 为第 r 根环向加强筋的轴向坐标, A_2 为环向加强筋的截面积, ρ_s、E、σ 分别为圆柱壳材料的体密度、杨氏模量和泊松比, ρ_r、E_r、G_r 分别为环向加强筋材料的体密度、杨氏模量和剪切模量, $M_s = 2\rho_s\pi hRL$ 表示圆柱壳体的总质量, $M_r = 2\rho_r\pi(R+e_2)A_2$ 表示每根环向加强筋的总质量, I_p 为环向加强筋截面的扭转极惯性矩, $E_r I_x$、$E_r I_z$、$G_r J$ 分别为环向加强筋截面的轴向抗弯刚度、法向抗弯刚度和抗扭刚度; $C_1 = \dfrac{\pi E h^3 RL}{24(1-\sigma^2)}$, $C_2 = \dfrac{\pi E hRL}{2(1-\sigma^2)}$, $R_1 = \dfrac{\pi E_r I_x}{(R+e_2)^3}$, $R_2 = \dfrac{\pi E_r A_2}{R+e_2}$, $R_3 = \dfrac{\pi E_r I_z}{(R+e_2)^3}$, $R_4 = \dfrac{\pi G_r J}{(R+e_2)^3}$。两个杨氏模量 E 和 E_r 可以是复数, 其中虚数部分对应结构阻尼损耗因子。

$\bar{a}'_{\alpha\beta}$ 和 $\tilde{a}'_{\alpha\beta}$ 中的 p_0 是静水压强, 考虑到了静水压引起的薄膜预应力对圆柱壳

结构刚度的影响。

$\bar{a}_{\alpha\beta}$ 和 $\tilde{a}_{\alpha\beta}$ 中的 $G_{\alpha\beta n}$ 是广义附连水质量 (包括实部和虚部，其中虚部与附连水阻尼相对应)，其计算式为

$$G_{\alpha\beta n} = -\varepsilon_n \pi R \int_{-L/2}^{L/2} \left\{ \frac{1}{2\pi} \int_{-\infty}^{\infty} \frac{\tilde{Z}_n(k_x)}{\mathrm{i}\omega} \left[\int_{-L/2}^{L/2} \sin\left(\frac{\alpha\pi x}{L} + \frac{\alpha\pi}{2}\right) \mathrm{e}^{-\mathrm{i}kx}\mathrm{d}x \right] \mathrm{e}^{\mathrm{i}kx}\mathrm{d}k \right\}$$
$$\times \sin\left(\frac{\beta\pi x}{L} + \frac{\beta\pi}{2}\right) \mathrm{d}x \tag{3A.1}$$

其中，$\tilde{Z}_n(k) = \mathrm{i}\omega\rho_0 R \left[n - \sqrt{k_0^2 - k^2} R \dfrac{H_{n+1}^{(1)}(\sqrt{k_0^2 - k^2}R)}{H_n^{(1)}(\sqrt{k_0^2 - k^2}R)} \right]^{-1}$，$H_n^{(1)}(\ )$ 和 $H_{n+1}^{(1)}(\ )$ 分别是 n 阶和 $n+1$ 阶的第一类 Hankel 函数。采用快速 Fourier 变换的方法求解 (3A.1) 式，可大幅度提高计算速度。

第 4 章　球壳结构水中声辐射计算方法

4.1　概　　述

弹性球壳是人们最早用来开展结构水中声辐射与声散射计算研究的规则结构之一。本章推导了简谐径向集中力作用下舷间充水双层弹性球壳在无界水域中的流固耦合振动与水下声辐射的解析计算公式，可用于数值计算方法的考核验证。在此基础上，以不同结构阻尼下辐射声功率与输入总功率随频率的变化关系为主线展开研究，同时分析了舷间水、外球壳对其水下声辐射和激励点输入机械阻抗的影响，进一步探讨了采用输入功率流来评定结构声辐射大小的方法的适用性问题。

针对有限水深环境中双层弹性壳体声辐射计算问题，本章将解析方法与波叠加数值方法 (WSM) 相结合，推导了计及海面和海底边界声反射影响的声辐射解析/数值混合计算方法。该方法可为有限水深环境中任意三维弹性浮体流固耦合振动、声辐射与声传播集成的数值计算方法提供标准考核算例。进一步基于双层弹性球壳的算例，分析了海面和海底声反射边界对弹性浮体流固耦合振动、声辐射及声传播的影响规律。

4.2　舷间充水双层弹性球壳声辐射计算方法

4.2.1　双层弹性薄球壳结构声辐射的解析解

1. 球壳的运动方程

取球坐标系，坐标系中心与球壳中心重合，Oz 轴为极轴，见图 4.1。该双层球壳浸没在无界水域中，内外球壳之间也充满水 (称其为舷间水)。

在球坐标系中，球壳中面的位移 $\boldsymbol{S}$ 可以写作

$$\boldsymbol{S} = u_r \boldsymbol{n}_r + u_\theta \boldsymbol{n}_\theta + u_\phi \boldsymbol{n}_\phi \tag{4.1}$$

其中，$\boldsymbol{n}_r$、$\boldsymbol{n}_\theta$、$\boldsymbol{n}_\phi$ 表示三个坐标方向的单位矢量，u_r、u_θ、u_ϕ 是位移矢量 $\boldsymbol{S}$ 在球坐标系中 r、θ、ϕ 三个坐标方向的分量。

当球壳受到以球坐标极轴为对称轴的激励而作轴对称振动时，球壳面上 ϕ 方向的振动位移可取为零：$u_\phi = 0$。并且在半径 r 方向和沿 θ 方向的位移分量 $u_r(r, \theta, t)$、$u_\theta(r, \theta, t)$ 均与 ϕ 无关。

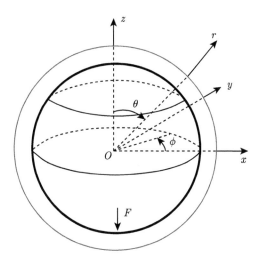

图 4.1 双层同心球壳和坐标系

先分析内球壳的振动,根据球壳的应力和应变分析,可以得到内球壳中面位移的振动方程 [1]:

$$
\begin{cases}
\left\{(1+\beta^2)\left[\dfrac{\partial^2}{\partial\theta^2}+\cot\theta\dfrac{\partial}{\partial\theta}-(\sigma+\cot^2\theta)\right]-\dfrac{R_2^2}{c_p^2}\dfrac{\partial^2}{\partial t^2}\right\}u_\theta \\[2mm]
-\left\{\beta^2\dfrac{\partial^3}{\partial\theta^3}+\beta^2\cot\theta\dfrac{\partial^2}{\partial\theta^2}-[(1+\sigma)+\beta^2(\sigma+\cot^2\theta)]\dfrac{\partial}{\partial\theta}\right\}u_r=-\dfrac{R_2^2}{\rho_s h_2 c_p^2}f_{2\theta} \\[2mm]
\left\{\beta^2\dfrac{\partial^3}{\partial\theta^3}+2\beta^2\cot\theta\dfrac{\partial^2}{\partial\theta^2}-[(1+\sigma)(1+\beta^2)+\beta^2\cot^2\theta]\dfrac{\partial}{\partial\theta}\right. \\[2mm]
\left.+\cot\theta[\beta^2(2-\sigma+\cot^2\theta)-(1+\sigma)]\right\}u_\theta+\left\{-\beta^2\dfrac{\partial^4}{\partial\theta^4}-2\beta^2\cot\theta\dfrac{\partial^3}{\partial\theta^3}\right. \\[2mm]
+\beta^2(1+\sigma+\cot^2\theta)\dfrac{\partial^2}{\partial\theta^2}-\beta^2\cot\theta(2-\sigma+\cot^2\theta)\dfrac{\partial}{\partial\theta}-2(1+\sigma) \\[2mm]
\left.-\dfrac{R_2^2}{c_p^2}\dfrac{\partial^2}{\partial t^2}\right\}u_r=\dfrac{R_2^2}{\rho_s h_2 c_p^2}[p_2-f_{2r}]
\end{cases}
\tag{4.2}
$$

式中,R_2 为内球壳半径,h_2 为内球壳壁厚,ρ_s 为内球壳体密度,σ 为泊松比;$\beta^2=h_2^2/(12R_2^2)$;壳体中纵波的传播速度 $c_p=\sqrt{E/[\rho_s(1-\sigma^2)]}$,$E$ 为球壳杨氏模量;舱间水流场作用于球壳表面的声压 $p_2=p_2(r,\theta,t)|_{r=R_2}$;作用于内球壳的外力沿径向 (即法向)、周向的分量分别是 f_{2r}、$f_{2\theta}$。

由 (4.2) 式中各项可见,球壳的径向位移和周向位移是互相耦合的。为使方程形式简化,作一变换:

$$
\eta=\cos\theta,\quad \nabla_\eta^2=\frac{\mathrm{d}}{\mathrm{d}\eta}(1-\eta^2)\frac{\mathrm{d}}{\mathrm{d}\eta}
\tag{4.3}
$$

$$\Omega^2 = (\omega R_2/c_p)^2 \tag{4.4}$$

对于任意的时间解析函数都可以作 Fourier 变换, 变换到频率域中。所以, 对以上诸式作单频分析, 取简谐时间因子为 $e^{i\omega t}$, ω 为角频率, 并不失其一般性。利用 (4.3) 式、(4.4) 式诸关系, (4.2) 式可以变为

$$\begin{cases} L_{11}u_\theta + L_{12}u_r + \Omega^2 u_\theta = -\dfrac{1}{\rho_s h_2}\left(\dfrac{R_2}{c_p}\right)^2 f_{2\theta}(\omega) \\[3mm] L_{21}u_\theta + L_{22}u_r + \Omega^2 u_r = -\dfrac{1}{\rho_s h_2}\left(\dfrac{R_2}{c_p}\right)^2 \left[f_{2r}(\omega) - p_2(r,\theta,\omega)|_{r=R_2}\right] \end{cases} \tag{4.5}$$

式中, 各个微分算子项的形式如下:

$$\begin{cases} L_{11} = (1+\beta^2)\left[(1-\eta^2)^{1/2}\dfrac{\mathrm{d}^2}{\mathrm{d}\eta^2}(1-\eta^2)^{1/2} + (1-\sigma)\right] \\[3mm] L_{12} = (1-\eta^2)^{1/2}\left[\beta^2(1-\sigma) - (1+\sigma)\dfrac{\mathrm{d}}{\mathrm{d}\eta} + \beta^2\dfrac{\mathrm{d}}{\mathrm{d}\eta}\nabla_\eta^2\right] \\[3mm] L_{21} = -\left\{[\beta^2(1-\sigma) - (1+\sigma)]\dfrac{\mathrm{d}}{\mathrm{d}\eta}(1-\eta^2)^{1/2} + \beta^2\nabla_\eta^2\dfrac{\mathrm{d}}{\mathrm{d}\eta}(1-\eta^2)^{1/2}\right\} \\[3mm] L_{22} = -\beta^2\nabla_\eta^4 - \beta^2(1-\sigma)\nabla_\eta^2 - 2(1+\sigma) \end{cases} \tag{4.6}$$

除增加外流场声压作用外, 外球壳的振动方程同 (4.5) 式。取外球壳的半径为 R_1, 壁厚为 h_1, 舷间水流场作用在外球壳上的声压为 $p_2(r,\theta,t)|_{r=R_1}$, 外流场作用在外球壳上的声压为 $p_1(r,\theta,t)|_{r=R_1}$, 作用于外球壳的外力沿径向、周向的分量分别是 f_{1r}、$f_{1\theta}$。

2. 内球壳与舷间水的耦合作用

在频域内进行分析, 采用分离变量法求解球坐标系内的 Helmholtz 方程, 舷间水的声波速度势可表示为如下级数的形式 [2]:

$$\phi_2(r,\theta) = \sum_{n=0}^{\infty} i^n(2n+1)P_n(\cos\theta)\left[f_n j_n(k_0 r) + g_n y_n(k_0 r)\right] \tag{4.7}$$

式中, f_n、g_n 是待定系数; $k_0 = \omega/c_0$ 为水中声波波数, c_0 为水中声速; $P_n(\ )$ 是 Legendre 多项式, $j_n(\ )$ 是球 Bessel 函数, $y_n(\ )$ 是球 Neumann 函数。速度势和声压间的关系为

$$p_2(r,\theta) = -i\omega\rho_0\phi_2(r,\theta) \tag{4.8}$$

式中, p_2 为舷间水流场中的声压, ρ_0 为水的密度。

为便于表述, 将内球壳的径向和 θ 向振动位移分别用 $w_2(\theta)$ 和 $u_2(\theta)$ 表示, 外球壳的径向和 θ 向振动位移分别用 $w_1(\theta)$ 和 $u_1(\theta)$ 表示。

针对轴对称振动的情况，内球壳的径向和 θ 向振动位移可分别表示成如下级数形式[1]：

$$
\begin{cases}
w_2(\theta) = \displaystyle\sum_{n=0}^{\infty} W_{2n} \mathrm{P}_n(\eta) \\[2mm]
u_2(\theta) = \displaystyle\sum_{n=0}^{\infty} U_{2n}(1-\eta^2)^{1/2} \dfrac{\mathrm{dP}_n(\eta)}{\mathrm{d}\eta}
\end{cases}
\tag{4.9}
$$

外球壳的径向和 θ 向振动位移可以分别表示成如下级数的形式：

$$
\begin{cases}
w_1(\theta) = \displaystyle\sum_{n=0}^{\infty} W_{1n} \mathrm{P}_n(\eta) \\[2mm]
u_1(\theta) = \displaystyle\sum_{n=0}^{\infty} U_{1n}(1-\eta^2)^{1/2} \dfrac{\mathrm{dP}_n(\eta)}{\mathrm{d}\eta}
\end{cases}
\tag{4.10}
$$

两式中，W_{1n}、W_{2n}、U_{1n}、U_{2n} 为待求的广义坐标。规定两个球壳的径向位移都以远离球心为正。根据流固耦合湿表面协调条件，内球壳与舱间水之间的边界条件为

$$
\left.\frac{\partial \phi_2}{\partial r}\right|_{r=R_2} = \mathrm{i}\omega w_2
\tag{4.11}
$$

将 (4.7) 式、(4.9) 式代入 (4.11) 式，得

$$
\mathrm{i}^n(2n+1)\left[f_n k_0 \left.\frac{\mathrm{dj}_n(\chi)}{\mathrm{d}\chi}\right|_{\chi=k_0 R_2} + g_n k_0 \left.\frac{\mathrm{dy}_n(\chi)}{\mathrm{d}\chi}\right|_{\chi=k_0 R_2}\right] = \mathrm{i}\omega W_{2n}
\tag{4.12}
$$

同理，可推得外球壳与舱间水之间的边界条件为

$$
\mathrm{i}^n(2n+1)\left[f_n k_0 \left.\frac{\mathrm{dj}_n(\chi)}{\mathrm{d}\chi}\right|_{\chi=k_0 R_1} + g_n k_0 \left.\frac{\mathrm{dy}_n(\chi)}{\mathrm{d}\chi}\right|_{\chi=k_0 R_1}\right] = \mathrm{i}\omega W_{1n}
\tag{4.13}
$$

结合 (4.12) 式和 (4.13) 式，得

$$
\begin{cases}
f_n = \dfrac{\omega}{\mathrm{i}^{n-1}(2n+1)} \dfrac{a_4 W_{2n} - a_2 W_{1n}}{a_1 a_4 - a_2 a_3} \\[4mm]
g_n = \dfrac{\omega}{\mathrm{i}^{n-1}(2n+1)} \dfrac{a_1 W_{1n} - a_3 W_{2n}}{a_1 a_4 - a_2 a_3}
\end{cases}
\tag{4.14}
$$

式中，$a_1 = k_0 \left.\dfrac{\mathrm{dj}_n(\chi)}{\mathrm{d}\chi}\right|_{\chi=k_0 R_2}$，$a_2 = k_0 \left.\dfrac{\mathrm{dy}_n(\chi)}{\mathrm{d}\chi}\right|_{\chi=k_0 R_2}$，$a_3 = k_0 \left.\dfrac{\mathrm{dj}_n(\chi)}{\mathrm{d}\chi}\right|_{\chi=k_0 R_1}$，$a_4 = k_0 \left.\dfrac{\mathrm{dy}_n(\chi)}{\mathrm{d}\chi}\right|_{\chi=k_0 R_1}$。

即舱间水作用在内球壳上的声压为

$$
p_2(R_2, \theta) = \rho_0 \omega^2 \sum_{n=0}^{\infty} \mathrm{P}_n(\cos\theta)\left[\frac{a_4 W_{2n} - a_2 W_{1n}}{a_1 a_4 - a_2 a_3} \mathrm{j}_n(k_0 R_2)\right.
$$

$$+\frac{a_1 W_{1n} - a_3 W_{2n}}{a_1 a_4 - a_2 a_3} \mathrm{y}_n(k_0 R_2)\bigg] \tag{4.15}$$

对于内球壳, 将外力也按 $\mathrm{P}_n(\eta)$ 展开, 和 (4.15) 式一同代入 (4.5) 式中, 利用 Legendre 多项式的正交性, 可得每一个振型波数 n 对应的流固耦合动力学方程:

$$\begin{cases} L''_{11n} U_{2n} + L''_{12n} W_{2n} = -\dfrac{1}{\rho_s h_2}\left(\dfrac{R_2}{c_p}\right)^2 F_{2\theta n} \\[3mm] L''_{21n} U_{2n} + (L''_{22n} + FL_n)W_{2n} + FH_n W_{1n} = -\dfrac{1}{\rho_s h_2}\left(\dfrac{R_2}{c_p}\right)^2 F_{2rn} \end{cases} \tag{4.16}$$

式中, $L''_{11n} = \Omega^2 - (1+\beta^2)(\sigma + \lambda_n - 1)$, $L''_{12n} = -[\beta^2(\sigma + \lambda_n - 1) + (1+\sigma)]$, $L''_{21n} = -\lambda_n[\beta^2(\sigma + \lambda_n - 1) + (1+\sigma)]$, $L''_{22n} = \Omega^2 - 2(1+\sigma) - \beta^2 \lambda_n(\sigma + \lambda_n - 1)$, $\lambda_n = n(n+1)$;

$$FL_n = -\rho_0 \omega^2 \left[\frac{a_4}{a_1 a_4 - a_2 a_3}\mathrm{j}_n(k_0 R_2) - \frac{a_3}{a_1 a_4 - a_2 a_3}\mathrm{y}_n(k_0 R_2)\right]\frac{R_2^2}{\rho_s h_2 c_p^2}$$

$$FH_n = -\rho_0 \omega^2 \left[\frac{-a_2}{a_1 a_4 - a_2 a_3}\mathrm{j}_n(k_0 R_2) + \frac{a_1}{a_1 a_4 - a_2 a_3}\mathrm{y}_n(k_0 R_2)\right]\frac{R_2^2}{\rho_s h_2 c_p^2}$$

设外力为作用在 $\theta = \pi$ 处的径向单位点集中力 $F_r = F_{r0}\dfrac{\delta(\theta - \pi)}{2\pi R_2^2 \sin\theta}$, $\delta(\ )$ 表示 Dirac 函数, $F_{r0} = 1\mathrm{N}$。此时 (4.16) 式中, $F_{2\theta n} = 0$, $F_{2rn} = F_{r0}\dfrac{2n+1}{2}\dfrac{\mathrm{P}_n(-1)}{2\pi R_2^2}$。

3. 外球壳与内外流场的耦合作用

外流场的速度势可表示为

$$\phi_1(r,\theta) = \sum_{n=0}^{\infty} A_n \mathrm{P}_n(\cos\theta)\mathrm{h}_n^{(2)}(k_0 r) \tag{4.17}$$

其中, $\mathrm{h}_n^{(2)}(\ )$ 是第二类球 Hankel 函数。应用外流场与外球壳接触面的边界条件可推得

$$p_1(r,\theta) = \rho_0 \omega^2 \sum_{n=0}^{\infty} W_{1n}\frac{\mathrm{h}_n^{(2)}(k_0 r)}{k_0\left.\dfrac{\mathrm{dh}_n^{(2)}(\chi)}{\mathrm{d}\chi}\right|_{\chi = k_0 R_1}}\mathrm{P}_n(\cos\theta) \tag{4.18}$$

为简化表达, 设 $a_5 = k_0\left.\dfrac{\mathrm{dh}_n^{(2)}(\chi)}{\mathrm{d}\chi}\right|_{\chi = k_0 R_1}$ 。

见 4.2.1 节第 2 部分, 可以推得舱间水作用在外球壳上的声压为

$$p_2(R_1,\theta) = \rho_0 \omega^2 \sum_{n=0}^{\infty} \mathrm{P}_n(\cos\theta)\left[\frac{a_4 W_{2n} - a_2 W_{1n}}{a_1 a_4 - a_2 a_3}\mathrm{j}_n(k_0 R_1)\right.$$

$$+\frac{a_1 W_{1n} - a_3 W_{2n}}{a_1 a_4 - a_2 a_3}\mathrm{y}_n(k_0 R_1)\Bigg] \tag{4.19}$$

由此可得外球壳与内外流场的耦合振动方程:

$$\begin{cases} L'_{11}U_{1n} + L'_{12}W_{1n} = 0 \\ L'_{21}U_{1n} + (L'_{22} + FI_n)W_{1n} + FG_n W_{2n} = 0 \end{cases} \tag{4.20}$$

其中, L'_{11}、L'_{12}、L'_{21}、L'_{22} 分别同 (4.16) 式中的 L''_{11}、L''_{12}、L''_{21}、L''_{22}(内、外球壳尺寸参数作相应变换);

$$FI_n = \frac{-\rho_0\omega^2\mathrm{h}_n^{(2)}(k_0 R_1)}{a_5}\frac{R_1^2}{\rho_s h_1 c_p^2}$$

$$+ \rho_0\omega^2\left[\frac{-a_2}{a_1 a_4 - a_2 a_3}\mathrm{j}_n(k_0 R_1) + \frac{a_1}{a_1 a_4 - a_2 a_3}\mathrm{y}_n(k_0 R_1)\right]\frac{R_1^2}{\rho_s h_1 c_p^2}$$

$$FG_n = \rho_0\omega^2\left[\frac{a_4}{a_1 a_4 - a_2 a_3}\mathrm{j}_n(k_0 R_1) - \frac{a_3}{a_1 a_4 - a_2 a_3}\mathrm{y}_n(k_0 R_1)\right]\frac{R_1^2}{\rho_s h_1 c_p^2}$$

将方程 (4.16)、(4.20) 联合写成矩阵方程的形式

$$\begin{bmatrix} (L'_{22} + FI_n) & L'_{21} & FG_n & 0 \\ L'_{12} & L'_{11} & 0 & 0 \\ FH_n & 0 & (L''_{22} + FL_n) & L''_{21} \\ 0 & 0 & L''_{12} & L''_{11} \end{bmatrix}\begin{bmatrix} W_{1n} \\ U_{1n} \\ W_{2n} \\ U_{2n} \end{bmatrix}$$

$$= \begin{bmatrix} 0 \\ 0 \\ -\dfrac{1}{\rho_s h_2}\left(\dfrac{R_2}{c_p}\right)^2\dfrac{2n+1}{2}\dfrac{\mathrm{P}_n(-1)}{2\pi R_2^2} \\ 0 \end{bmatrix} \tag{4.21}$$

求解上述矩阵方程, 可得出 W_{1n}、U_{1n}、W_{2n}、U_{2n}。

4. 外流场声辐射

将 (4.21) 式求得的 W_{1n} 代入 (4.18) 式可计算出外流场中的辐射声压。
外流场中的辐射声功率为

$$P_s(\omega)$$
$$= \frac{1}{2}\mathrm{Re}\left\{\int_0^\pi p_1(R_1,\theta)\cdot[\mathrm{i}\omega w_1(\theta)]^*\cdot(2\pi R_1^2\sin\theta)\mathrm{d}\theta\right\}$$

$$= \pi R_1^2 \text{Re} \left\{ \int_{-1}^{1} \left[\rho_0 \omega^2 \sum_{n=0}^{\infty} W_{1n} \frac{h_n^{(2)}(k_0 R_1)}{k_0 \left. \frac{dh_n^{(2)}(\chi)}{d\chi} \right|_{\chi=k_0 R_1}} \cdot P_n(\eta) \right] \cdot \left[i\omega W_{1n} P_n(\eta) \right]^* d\eta \right\}$$

$$= \pi R_1^2 \rho_0 c_0 \omega^2 \text{Re} \left\{ \sum_{n=0}^{\infty} \frac{2}{2n+1} \frac{h_n^{(2)}(k_0 R_1)}{\left. \frac{dh_n^{(2)}(\chi)}{d\chi} \right|_{\chi=k_0 R_1}} W_{1n} \cdot (iW_{1n})^* \right\} \tag{4.22}$$

其中，上标 "*" 表示取共轭。

定义辐射声功率级 (单位为 dB) 为

$$L_{ws} = 10 \log_{10} \left(\frac{P_s(\omega)}{P_{\text{ref}}} \right) \tag{4.23}$$

其中，基准声功率 $P_{\text{ref}} = \dfrac{4\pi \times 10^{-12}}{\rho_0 c_0}$，单位为 W。

5. 机械阻抗和功率流

将 (4.21) 式求得的 W_{2n} 代入 (4.9) 式，可求得 $w_2(\theta)$，则内球壳激励点处的输入机械阻抗为

$$Z_s(\omega) = \frac{F_{r0}}{i\omega w_2(\pi)} \tag{4.24}$$

其中，F_{r0} 为作用在内球壳 $\theta = \pi$ 处的径向集中激励力。

外激励力输入系统的功率流为

$$P_a(\omega) = \frac{1}{2} \text{Re} \left\{ [i\omega w_2(\pi)] \cdot Z_s(\omega) \cdot [i\omega w_2(\pi)]^* \right\} \tag{4.25}$$

定义输入功率级为

$$L_{wa} = 10 \log_{10} \left(\frac{P_a(\omega)}{P_{\text{ref}}} \right) \tag{4.26}$$

4.2.2　计算分析

针对输入功率流、辐射声功率、输入机械阻抗等物理量进行计算分析。取计算用流体和结构参数为：内球壳半径 0.5m，内球壳壁厚 1mm，外球壳半径 0.65m；内外球壳体密度 7800kg/m³，杨氏模量 $2.1 \times 10^{11} \text{N/m}^2$，泊松比 0.3，结构阻尼损耗因子 0.01(可将杨氏模量设为复数计及结构阻尼损耗的影响)；内外场流体密度 1025kg/m³，内外场流体声速 1500m/s。下面的计算均是在内球壳底部作用一个单位有效值 (即幅值为 $\sqrt{2}$N) 法向简谐集中激励力。

通过系列数值计算确定取 n 截断值为 80 可保证计算结果在 2000Hz 以内基本收敛。分干结构单层球壳、单层球壳浸水、双层球壳浸水 (考虑外球壳厚 0.3mm、1mm 两种情况)，研究辐射声功率级、输入机械阻抗、输入功率级随频率的变化关系，计算结果如图 4.2~ 图 4.4 所示。可见：300Hz 以下，外球壳对水下辐射噪

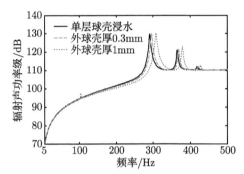

图 4.2 辐射声功率级随频率变化的曲线

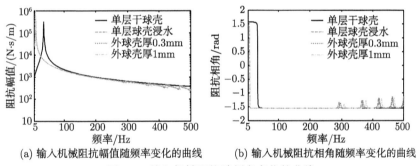

(a) 输入机械阻抗幅值随频率变化的曲线 (b) 输入机械阻抗相角随频率变化的曲线

图 4.3 输入机械阻抗随频率变化的曲线

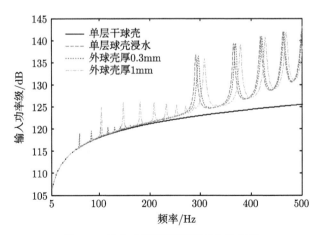

图 4.4 输入功率级随频率变化的曲线

声有一点小的遮蔽作用；外球壳的存在或者外球壳厚度的增加使辐射噪声峰值对应的频率增大，这相当于舱间水和外球壳增加了内球壳的刚度；"外球壳厚 1mm"对应的辐射声功率级曲线在约 100Hz 处有一个小峰，这是由外球壳的湿谐振引起的；激励频率较高时 (此算例为大于 100Hz)，水介质和外球壳对输入机械阻抗影响较小。

考察结构阻尼与输入功率流及辐射噪声之间的关系，计算不同结构阻尼损耗因子下双层球壳浸水 (外球壳厚 0.3mm，其余流体和结构参数同上) 时的输入机械阻抗、功率流和辐射声功率随频率的变化，分结构阻尼损耗因子为 0.01、0.03 两种情况进行计算，结果如图 4.5、图 4.6 所示。由图 4.5 可见：500Hz 以下，增大结构阻尼损耗因子使输入功率增大，而辐射声功率的峰值反而削平；500Hz 以上，输入功率基本趋于平稳，结构阻尼损耗因子越大，波动越小；除个别频率点 (300Hz 附近的谐振频率点) 外，大部分频段上辐射到水中的声功率不足输入总功率的 0.1%；在实船中，通过输入功率流大小判断辐射到水中噪声大小的方法值得商榷，实际上，绝大部分的功率流 (约 99.9%) 都消耗在结构中，在低频情况甚至是：结构阻尼损耗因子越大，输入功率流越大，而辐射到水中的声功率越小。从图 4.6 可见：增大结构阻尼损耗因子，输入机械阻抗的波动变小。

考虑在球壳内部有一质量块通过弹簧连接在内球壳上，如图 4.7 所示。求出弹簧下端的输入机械阻抗后，应用四端网络法计算弹簧上下端的响应，进而计算弹簧上端输入功率级、弹簧下端输入功率级及辐射到水中的声功率级。计算采用的流体和结构参数同上 (外球壳壁厚 0.3mm，结构阻尼损耗因子为 0.01)，质量块质量为 5kg，弹簧刚度为 $45000(1 + 0.04\mathrm{i})\mathrm{N/m}$，$F_0 = \sqrt{2}\mathrm{N}$。计算结果如图 4.8、图 4.9 所示。

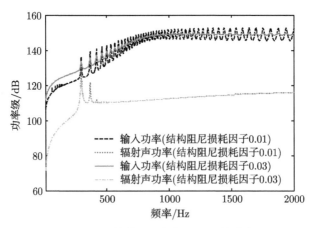

图 4.5 不同结构阻尼损耗因子下的功率级

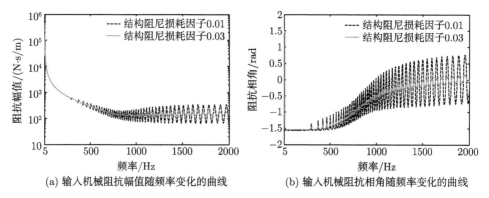

(a) 输入机械阻抗幅值随频率变化的曲线　　　(b) 输入机械阻抗相角随频率变化的曲线

图 4.6　不同结构阻尼损耗因子下输入机械阻抗随频率变化的曲线

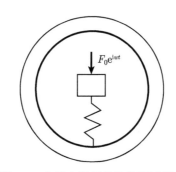

图 4.7　内部安装质量块的双层球壳

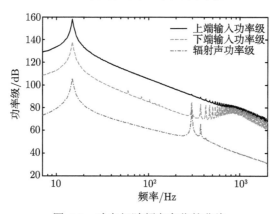

图 4.8　功率级随频率变化的曲线

　　图 4.9 中 "上、下端功率级差" 指上端输入功率级减去下端输入功率级，"上端与声功率级差" 指上端输入功率级减去辐射声功率级。其余参数不变，改变弹簧刚度为 $90000(1 + 0.04i)\mathrm{N/m}$，计算结果如图 4.10、图 4.11 所示。将图 4.8 和图 4.10 中的 "辐射声功率级" 曲线放在一起，如图 4.12 所示。

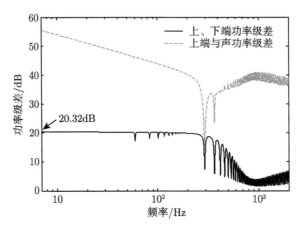

图 4.9   功率级差随频率变化的曲线

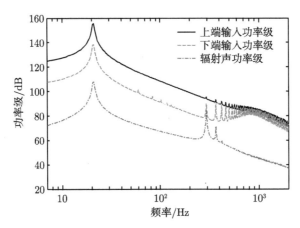

图 4.10   功率级随频率变化的曲线

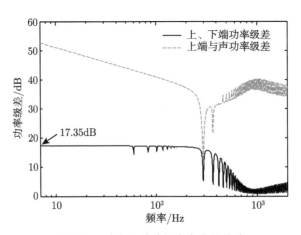

图 4.11   功率级差随频率变化的曲线

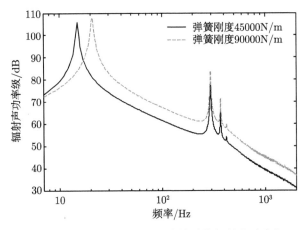

图 4.12　安装弹簧取不同刚度值时的辐射声功率级

从图 4.8 和图 4.10 可见: 辐射的声功率相对输入的总功率而言是一小量。从图 4.9、图 4.11 和图 4.12 可见: 从功率流的角度评价弹簧隔振效果, 在 300Hz 以下, 刚度为 45000N/m 的弹簧隔振效果比刚度为 90000N/m 的弹簧高约 3dB, 但水下辐射声功率却没有这样简单的关系。因此, 采用功率流评价隔振装置对水下辐射噪声影响的方法值得商榷。

4.3　有限水深环境中双层弹性球壳声辐射计算方法

关于弹性球壳振动方程及舱间水与内外球壳耦合作用的描述同 4.2 节。本节采用波叠加法 [3,4] 求解外球壳与外流场的耦合作用及水中声辐射。

4.3.1　有限水深环境中外球壳与外流场的耦合作用

对于不同的海洋水声环境, 可以引入相应的 Green 函数 (对应单极子点声源在该水声环境中的声传播模型) 进行描述 [5]。如图 4.13 所示, 球壳浸没在水中, 令该有限水深环境中海底和海面具有固定的声反射系数, 分别设为 γ 和 γ_1。此时可得到级数求和形式的 Green 函数 [6], 对应一个声波在海底和海面之间不断反射形成的虚源链, 海底和海面边界条件自然得到满足:

$$G(\boldsymbol{r}, \boldsymbol{r}_0) = \sum_{l=0}^{\infty} (\gamma\gamma_1)^l \left[\frac{\mathrm{e}^{-\mathrm{i}k_0 R_{l1}}}{R_{l1}} + \gamma \frac{\mathrm{e}^{-\mathrm{i}k_0 R_{l2}}}{R_{l2}} + \gamma_1 \frac{\mathrm{e}^{-\mathrm{i}k_0 R_{l3}}}{R_{l3}} + \gamma\gamma_1 \frac{\mathrm{e}^{-\mathrm{i}k_0 R_{l4}}}{R_{l4}} \right] \quad (4.27)$$

其中, $\boldsymbol{r}_0 = (x_0, y_0, z_0)$ 表示源点, $\boldsymbol{r} = (x, y, z)$ 表示场点; $R_{l1} = \sqrt{s^2 + (2ld + z - z_0)^2}$, $R_{l2} = \sqrt{s^2 + (2ld + 2d_2 + z + z_0)^2}$, $R_{l3} = \sqrt{s^2 + (2ld + 2d_1 - z - z_0)^2}$, $R_{l4} = \sqrt{s^2 + [2(l+1)d - z + z_0]^2}$, $s = \sqrt{(x - x_0)^2 + (y - y_0)^2}$, d 为水深, d_1 为球心与海

面的距离 (潜深), d_2 为球心与海底的距离。海面作为压力释放边界可取 $\gamma_1 = -1$; 通过计算发现, 当海底声反射系数 $\gamma = 0.1 \sim 0.6$ 时, 只要取 (4.27) 式的前 9 项就能保证足够的收敛精度。

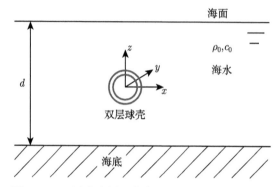

图 4.13   双层球壳浸没在有限水深水域中的示意图

采用波叠加法求解外球壳与外流场的耦合作用及水中声辐射。本节中的外激励力沿法向作用在内球壳底部, 因此整个为轴对称问题。根据轴对称性, 采用波叠加法将声学边界积分方程由面积分简化为线积分, 可极大地提高计算效率。将源点分布在与 z 轴重合的轴线上, 将场点分布在外球壳的母线上, 如图 4.14 所示。设源点和场点的总数均为 N_j, 则第 $n_j (1 \leqslant n_j \leqslant N_j)$ 号源点的 x 和 y 坐标均为 0, 其 z 坐标为

$$z_{0n_j} = R_1 \left(1 - \frac{2n_j - 1}{N_j} \right) \tag{4.28}$$

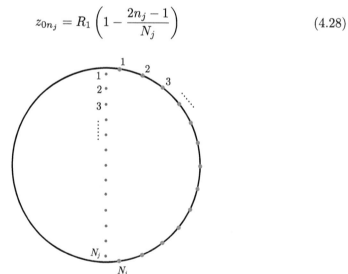

图 4.14   采用波叠加法计算时场点和源点的布置位置示意图

第 $n_j(1 \leqslant n_j \leqslant N_j)$ 号场点的 y 坐标均为 0, 其 x 坐标和 z 坐标分别为

$$x_{n_j} = R_1 \sin[(n_j - 0.5)\pi/N_j] \tag{4.29}$$

$$z_{n_j} = R_1 \cos[(n_j - 0.5)\pi/N_j] \tag{4.30}$$

基于波叠加法, 由外球壳的第 n 阶振型引起的外流场辐射声波速度势可表达为

$$\phi_{1n}(\boldsymbol{r}) = \sum_{n_j=1}^{N_j} q_{nn_j}(\boldsymbol{r}_0) G(\boldsymbol{r}, \boldsymbol{r}_0) \tag{4.31}$$

其中, $q_{nn_j}(\boldsymbol{r}_0)$ 为对应第 n 阶振型的第 n_j 号源点处的待求源强。结合 (4.10) 式、(4.31) 式及 Legendre 多项式的正交性, 由外球壳与外流场的流固耦合边界条件可得

$$\mathrm{i}\omega \mathrm{P}_n(\eta) = \sum_{n_j=1}^{N_j} q_{nn_j}(\boldsymbol{r}_0) \frac{\partial G(\boldsymbol{r}, \boldsymbol{r}_0)}{\partial n(\boldsymbol{r})} \tag{4.32}$$

其中, 场点 $\boldsymbol{r}$ 位于外球壳表面, $\dfrac{\partial G(\boldsymbol{r}, \boldsymbol{r}_0)}{\partial n(\boldsymbol{r})}$ 表示对 Green 函数沿外球壳表面的法向求偏导数。通过 (4.32) 式可计算出源强 $q_{nn_j}(\boldsymbol{r}_0)$。

外流场中的整个声波场速度势可通过如下线性叠加的方式进行求解:

$$\phi_1(\boldsymbol{r}) = \sum_{n=0}^{\infty} \left[W_{1n} \sum_{n_j=1}^{N_j} q_{nn_j}(\boldsymbol{r}_0) G(\boldsymbol{r}, \boldsymbol{r}_0) \right] \tag{4.33}$$

相应的外流场场点声压为

$$p_1(\boldsymbol{r}) = -\mathrm{i}\omega \rho_0 \phi_1(\boldsymbol{r}) \tag{4.34}$$

将外流场作用在外球壳表面上的声压表达为 Legendre 多项式展开的形式:

$$p_1(\boldsymbol{r}) = \sum_{n=0}^{\infty} \left[W_{1n} \sum_{m=0}^{\infty} A_{mn} \mathrm{P}_m(\eta) \right] \tag{4.35}$$

结合 (4.31) 式、(4.33) 式～(4.35) 式及 Legendre 多项式的正交性, 可得

$$A_{mn} = -\frac{2m+1}{2}\mathrm{i}\omega \rho_0 \pi \left/ \left\{ N_j \sum_{n_j=1}^{N_j} \phi_{1n}(\boldsymbol{r}) \mathrm{P}_m(\eta) \sin[(n_j - 0.5)\pi/N_j] \right\} \right. \tag{4.36}$$

其中, 对于第 n_j 号场点, $\eta = \cos[(n_j - 0.5)\pi/N_j]$。

对于外球壳, 将 (4.19) 式和 (4.35) 式代入 (4.5) 式, 同时利用 Legendre 多项式的正交性, 可得如下流固耦合动力学方程:

$$\begin{cases} L'_{11n}U_{1n} + L'_{12n}W_{1n} = 0 \\ L'_{21n}U_{1n} + (L'_{22n} + FI_n)W_{1n} + \sum_{m=0}^{\infty} B_{nm}W_{1m} + FG_nW_{2n} = 0 \end{cases} \tag{4.37}$$

其中, L'_{11n}、L'_{12n}、L'_{21n}、L'_{22n} 分别同 (4.16) 式中的 L''_{11n}、L''_{12n}、L''_{21n}、L''_{22n}(内、外球壳尺寸参数作相应变换); $B_{nm} = -\dfrac{R_1^2}{\rho_s h_1 c_p^2} A_{nm}$;

$$FI_n = \rho_0\omega^2 \left[\frac{-a_2}{a_1a_4 - a_2a_3}\mathrm{j}_n(k_0R_1) + \frac{a_1}{a_1a_4 - a_2a_3}\mathrm{y}_n(k_0R_1) \right] \frac{R_1^2}{\rho_s h_1 c_p^2}$$

$$FG_n = \rho_0\omega^2 \left[\frac{a_4}{a_1a_4 - a_2a_3}\mathrm{j}_n(k_0R_1) - \frac{a_3}{a_1a_4 - a_2a_3}\mathrm{y}_n(k_0R_1) \right] \frac{R_1^2}{\rho_s h_1 c_p^2}$$

将 (4.16) 式和 (4.37) 式联立, 球壳的振型波数截断到 N, 可得如下矩阵方程:

$$\left(\begin{array}{cccccc} L'_{220} + FI_0 + B_{00} & L'_{210} & FG_0 & 0 & \cdots & B_{0N} \\ L'_{120} & L'_{110} & 0 & 0 & \cdots & 0 \\ FH_0 & 0 & L''_{220} + FL_0 & L''_{210} & \cdots & 0 \\ 0 & 0 & L''_{120} & L''_{110} & \cdots & 0 \\ \vdots & \vdots & \vdots & \vdots & \ddots & \vdots \\ B_{N0} & 0 & 0 & 0 & \cdots & L'_{22N} + FI_N + B_{NN} \\ 0 & 0 & 0 & 0 & \cdots & L'_{12N} \\ 0 & 0 & 0 & 0 & \cdots & FH_N \\ 0 & 0 & 0 & 0 & \cdots & 0 \end{array} \right.$$

$$\left. \begin{array}{ccc} 0 & 0 & 0 \\ 0 & 0 & 0 \\ 0 & 0 & 0 \\ 0 & 0 & 0 \\ \vdots & \vdots & \vdots \\ L'_{21N} & FG_N & 0 \\ L'_{11N} & 0 & 0 \\ 0 & L''_{22N} + FL_N & L''_{21N} \\ 0 & L''_{12N} & L''_{11N} \end{array} \right) \left(\begin{array}{c} W_{10} \\ U_{10} \\ W_{20} \\ U_{20} \\ \vdots \\ W_{1N} \\ U_{1N} \\ W_{2N} \\ U_{2N} \end{array} \right) = \left(\begin{array}{c} 0 \\ 0 \\ -\dfrac{1}{\rho_s h_2}\left(\dfrac{R_2}{c_p}\right)^2 \dfrac{1}{2}\dfrac{\mathrm{P}_0(-1)}{2\pi R_2^2} \\ 0 \\ \vdots \\ 0 \\ 0 \\ -\dfrac{1}{\rho_s h_2}\left(\dfrac{R_2}{c_p}\right)^2 \dfrac{2N+1}{2}\dfrac{\mathrm{P}_N(-1)}{2\pi R_2^2} \\ 0 \end{array} \right)$$

$$\tag{4.38}$$

4.3.2 水中声辐射计算

由矩阵方程 (4.38) 求解出广义坐标响应 $W_{10}, W_{11}, \cdots, W_{1N}$ 后,代入 (4.10) 式和 (4.33) 式可以分别计算出外球壳的振动响应与水中声辐射。进一步沿外球壳表面进行积分,可计算出水中辐射声功率:

$$P_s(\omega) = \frac{1}{2} \mathrm{Re} \left(\sum_{n_j=1}^{N_j} (\mathrm{i}\omega w_1)^* p_1(\boldsymbol{r}) \Delta S_{n_j} \right) \tag{4.39}$$

其中,上标 $*$ 表示复数取共轭,场点 $\boldsymbol{r}$ 位于外球壳表面;ΔS_{n_j} 为第 n_j 号场点对应的湿表面面积,等于以第 n_j 号场点为中点、弧长为 $\pi R_1/N_j$ 的母线绕 z 轴旋转一周产生的面积,数值离散后的具体计算公式为

$$\Delta S_{n_j} = 2\pi R_1 \sin[(n_j - 0.5)\pi/N_j] \cdot \pi R_1/N_j \tag{4.40}$$

由声压换算的声压级 L_p、由辐射声功率换算的声源级 SL_s,用分贝 (dB) 表达,计算公式分别如下:

$$L_p = 20 \log_{10} \left(\frac{|p_1| / \sqrt{2}}{p_{\mathrm{ref}}} \right) \tag{4.41}$$

$$\mathrm{SL}_s = 10 \log_{10} \left(\frac{P_s}{P_{\mathrm{ref}}} \right) \tag{4.42}$$

其中,基准声压 $p_{\mathrm{ref}} = 1 \times 10^{-6}\mathrm{Pa}$;基准声功率 $P_{\mathrm{ref}} = \dfrac{4\pi \times 10^{-12}}{\rho_0 c_0}$,单位为 W。

4.3.3 计算方法和计算程序考核

由 4.2 节可知,在无界水域中,内球壳受法向简谐集中力作用的双层弹性球壳的水下声辐射存在解析解,可用于对本节中所述的解析/数值混合计算方法和计算程序进行考核。具体的考核算例参数为:内球壳半径 0.5m,内球壳壁厚 1mm,外球壳半径 0.65m,外球壳壁厚 0.3mm,内外球壳体密度 7800kg/m^3,杨氏模量 2.1×10^{11}N/m^2,泊松比 0.3,结构阻尼损耗因子 0.02,内外场流体密度 1025kg/m^3,内外场流体声速 1500m/s。下面的计算均是在内球壳底部作用一个单位有效值 (即幅值为 $\sqrt{2}$N) 法向简谐集中激励力。

如图 4.14 所示,采用波叠加法进行计算时取场点和源点的总数 $N_j = 80$。此外,为使场点和源点之间有一定的空间距离,减少奇异性带来的计算误差,具体计算时取每一个源点的 z 坐标为 $0.8z_{0n_j}$(见 (4.28) 式)。

计算四个场点的辐射声压,并按 (4.41) 式换算成声压级。采用本节中的解析/数值混合方法进行计算时,取水深为 2×10^8m,潜深 (球心与海面距离) 为 1×10^8m,

相当于就是解析解中的无界流场环境。如图 4.15 所示，"解析/数值混合计算" 与 "解析结果" 几乎完全重合。

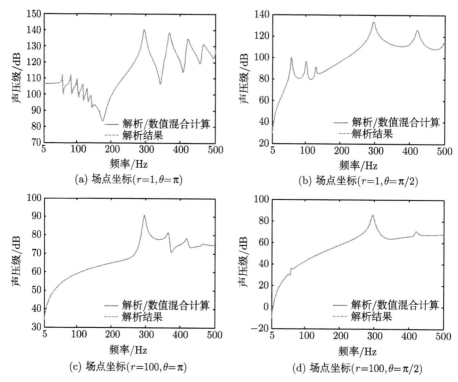

(a) 场点坐标($r=1,\theta=\pi$)　　　　　　　　(b) 场点坐标($r=1,\theta=\pi/2$)

(c) 场点坐标($r=100,\theta=\pi$)　　　　　　(d) 场点坐标($r=100,\theta=\pi/2$)

图 4.15　单位有效值集中力作用下双层弹性球壳辐射声压级的计算结果比对

进一步计算水中辐射声功率，并按 (4.42) 式转化为声源级的形式，与解析结果相比对，如图 4.16 所示。可见，"解析/数值混合计算" 与 "解析结果" 几乎完全重

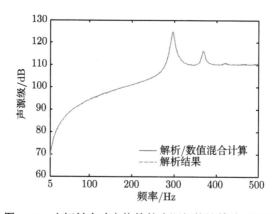

图 4.16　由辐射声功率换算的声源级的计算结果比对

合，整体上验证了本节所述的解析/数值混合计算方法的正确性与高计算精度。并且在该算例中，采用波叠加法进行计算时只取了 80 个源点，计算效率非常高。

4.3.4 有限水深环境中双层弹性球壳声辐射计算分析

1. 不同水深和潜深状态下双层球壳声辐射计算分析

取海底声反射系数 $\gamma = 0.5$，考虑水深 4m、潜深 2m，水深 10m、潜深 5m，水深 40m、潜深 20m，以及水深 60m、潜深 30m 四种状态，其余参数同 4.3.3 节，计算水下声辐射。图 4.17 为四种水深和潜深状态下，由辐射声功率换算的声源级结果。可见：不同水深和潜深状态下的声源级曲线存在较明显的差异，这是由海面和海底的声反射引起的；随着频率的增大，四条声源级曲线的差异在减小；从"水深 4m、潜深 2m"到"水深 10m、潜深 5m"到"水深 40m、潜深 20m"再到"水深 60m、潜深 30m"，四条声源级曲线逐步收敛，这说明当浮体与海面和海底的距离达到一定量值后，浮体水中辐射声功率将不受海面和海底的影响。

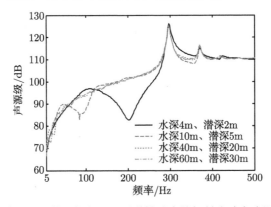

图 4.17 四种水深和潜深状态下双层弹性球壳的辐射声功率声源级计算结果

图 4.18 为三种水深和潜深状态下，由两个场点声压换算的声压级结果。可见：三种水深和潜深状态下，对于与球心距离为 1m 和 100m 的两个场点，其声压级结果均存在较显著的差异。

图 4.19、图 4.20 为三种水深和潜深状态下，计算频率为 50Hz 和 300Hz 时的 xz 平面内声场分布云图。为能分层次清楚地将声压变化规律显示出来，图中物理量为场点声压有效值乘以场点到球心的距离。可见：三种水深和潜深状态下，声场分布规律存在较显著的差异；激励频率为 50Hz 时，"水深 4m、潜深 2m"和"水深 10m、潜深 5m"两种状态下，当场点 x 坐标大于 60m 时，存在明显的声场暗区 (即往远场传递的声波能量很少)，这反映了有限水深波导环境中声波传播的低频截止效应 [5]；激励频率为 300Hz 时，"水深 60m、潜深 30m"状态对应的声场分布云图存在较清晰的干涉条纹，该现象是由海面和海底的声反射引起的。

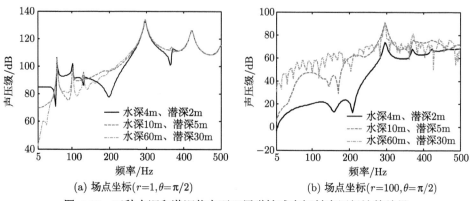

(a) 场点坐标($r=1,\theta=\pi/2$)　　　　　　　(b) 场点坐标($r=100,\theta=\pi/2$)

图 4.18　三种水深和潜深状态下双层弹性球壳辐射声压级计算结果

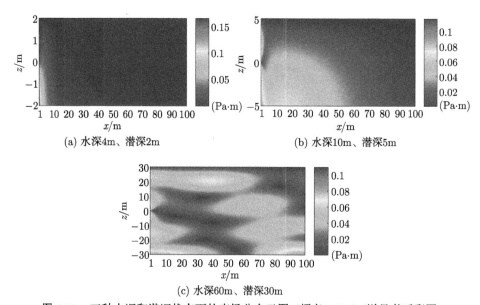

(a) 水深4m、潜深2m　　　　　　　　　(b) 水深10m、潜深5m

(c) 水深60m、潜深30m

图 4.19　三种水深和潜深状态下的声场分布云图 (频率 50Hz) (详见书后彩图)

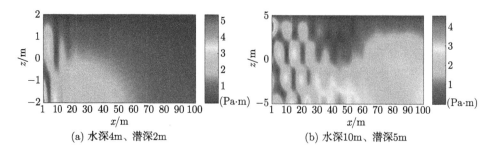

(a) 水深4m、潜深2m　　　　　　　　　(b) 水深10m、潜深5m

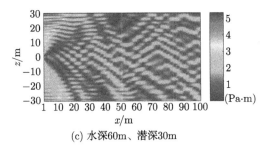

(c) 水深60m、潜深30m

图 4.20 三种水深和潜深状态下的声场分布云图 (频率 300Hz) (详见书后彩图)

2. 固定水深、不同潜深状态下双层球壳声辐射计算分析

固定水深为 60m,考虑潜深 10m、20m 和 30m 三种状态,其余参数同 4.3.4 节第 1 部分,计算水下声辐射。图 4.21 为水深 60m 三种潜深状态下,由辐射声功率换算的声源级结果。可见:三条声源级曲线整体差异较小,差异主要集中在 100Hz 以下频段。这是因为,三条声源级曲线对应的水深和潜深已达到一定量值 (球壳与海面和海底的距离大于外球壳直径的 7 倍),海面和海底边界对其辐射声功率的影响已较小。

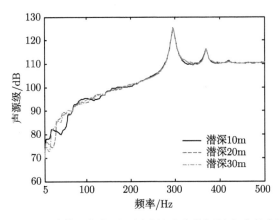

图 4.21 水深 60m 三种潜深状态下双层弹性球壳的辐射声功率声源级计算结果

图 4.22 为水深 60m 三种潜深状态下,由两个场点声压换算的声压级结果。可见:对于与球心距离为 1m 的场点,三种潜深状态下的声压级曲线差异较小,这是因为海面和海底边界与场点的距离相对较大,该场点处接收到的声波以球壳辐射的直达波为主;对于与球心距离为 100m 的场点,三种潜深状态下的声压级曲线均存在较显著的起伏波动,且三者有一定的差异,这是由于在该场点处球壳辐射直达波的贡献与海面和海底反射波的贡献较为接近。

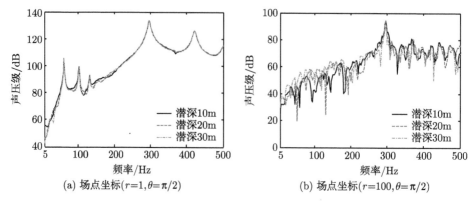

(a) 场点坐标$(r=1, \theta=\pi/2)$ (b) 场点坐标$(r=100, \theta=\pi/2)$

图 4.22 水深 60m 三种潜深状态下双层弹性球壳辐射声压级计算结果

图 4.23、图 4.24 为水深 60m 两种潜深状态下 (水深 60m、潜深 30m 状态的结果见图 4.19、图 4.20),计算频率为 50Hz 和 300Hz 时的 xz 平面内声场分布云图。可见:两种潜深状态下,声场分布云图存在较明显的差异;激励频率为 300Hz 时,"潜深 10m" 和 "潜深 20m" 状态对应的声场分布云图均存在较清晰的干涉条纹。这些现象都是由海面和海底边界的声反射引起的。

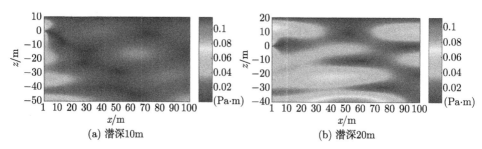

(a) 潜深10m (b) 潜深20m

图 4.23 水深 60m 不同潜深状态下的声场分布云图 (频率 50Hz) (详见书后彩图)

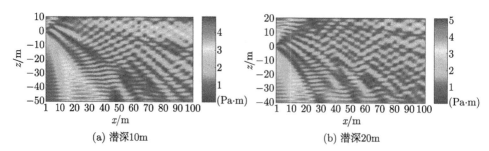

(a) 潜深10m (b) 潜深20m

图 4.24 水深 60m 不同潜深状态下的声场分布云图 (频率 300Hz) (详见书后彩图)

3. 不同海底声反射系数情况下双层球壳声辐射计算分析

水深 60m、潜深 30m，取 $\gamma = 0.3$、$\gamma = 0.4$、$\gamma = 0.5$ 三种海底声反射系数进行计算分析。结合上述两部分的计算结果可知：在水深 60m、潜深 30m 状态下，双层球壳的辐射声功率基本不受海面和海底的影响 (见图 4.17 和图 4.21)，此时海底声反射系数的小量变化对双层球壳辐射声功率的影响很小。海底声反射系数的变化会对水中辐射声场产生影响，随着场点逐渐远离双层球壳，该影响会逐渐变大。图 4.25 为三种海底声反射系数情况下，由两个场点声压换算的声压级结果。可见：三种海底声反射系数对应的曲线在整体变化趋势上较为相似；当场点与球心距离达到 500m 时，三条曲线的量值已出现较明显的差异，总体上 $\gamma = 0.5$ 曲线的量值相对大一些，这正是由海底声反射不同所带来的影响。

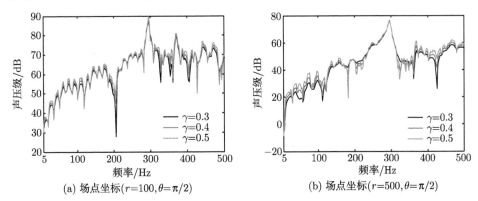

(a) 场点坐标($r=100,\theta=\pi/2$)　　(b) 场点坐标($r=500,\theta=\pi/2$)

图 4.25　水深 60m、潜深 30m 不同海底声反射系数情况下双层弹性球壳辐射声压级计算结果

图 4.26、图 4.27 为水深 60m、潜深 30m 两种海底声反射系数情况下 (海底声反射系数为 0.5 时对应的结果见图 4.19(c) 和图 4.20(c))，计算频率为 50Hz 和 300Hz 时的 xz 平面内声场分布云图。可见：在离双层球壳较近的区域内，海底声反射系

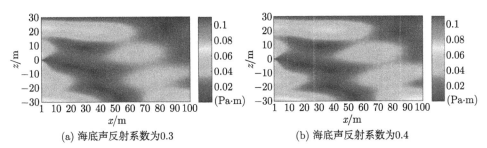

(a) 海底声反射系数为0.3　　(b) 海底声反射系数为0.4

图 4.26　水深 60m、潜深 30m 不同海底声反射系数情况下的声场分布云图 (频率 50Hz)

(详见书后彩图)

数的小量变化对其周围的辐射声场影响很小；在离双层球壳远一些的区域，辐射声场存在一定差异。

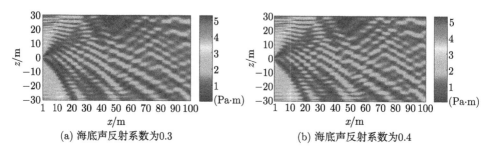

(a) 海底声反射系数为0.3   (b) 海底声反射系数为0.4

图 4.27   水深 60m、潜深 30m 不同海底声反射系数情况下的声场分布云图 (频率 300Hz)

(详见书后彩图)

4.4   本 章 小 结

本章推导了径向集中力作用下舷间充水双层弹性球壳结构声辐射的解析解，可用于考核各类求解"多不连通流场耦合的声弹性问题"的数值算法的正确性和计算精度。在此基础上，通过系列计算，分析了舷间水、外球壳和结构阻尼对水下声辐射、输入机械阻抗及功率流的影响，初步得出如下结论：在大多数频段上，水下辐射声功率不足输入总功率的 0.1%，且两者之间不存在简单的一一对应关系，采用功率流来评定结构水下辐射噪声大小的方法值得商榷，采用功率流评价隔振装置对水下辐射噪声影响的方法也值得商榷；外球壳较薄时，其对水下辐射噪声的影响较小；外球壳较薄时，其和舷间水对内球壳输入机械阻抗的影响较小。上述结论仅是来自小尺度球壳算例的结果，其适用范围还需进一步分析。

本章进一步将解析方法与波叠加数值方法相结合，推导了计及海面和海底边界声反射影响的有限水深环境中双层弹性球壳声辐射的解析/数值混合解法。通过修改波叠加法中的 Green 函数，本章所述的方法可以推广应用于更为复杂的各类海洋水声信道环境 (如考虑海水声速分层等因素)。通过无界水域中双层弹性球壳声辐射的算例，对本章所述计算方法的正确性进行了考核。结果显示，在采用波叠加法计算时只要在球壳内部轴线上设置 80 个源点即能达到很高的计算精度。充分体现了该解析/数值混合方法具有高计算效率和高计算精度的优点。通过有限水深环境中双层弹性球壳声辐射的系列计算分析发现，海面和海底边界对浮体水中辐射声功率和场点声压均存在影响，具体影响规律与水深、潜深、海底声反射系数和激励频率等因素密切相关。当频率较高 (如达到 300Hz) 时，由于海面和海底边界的声反射作用，浮体周围的声场分布云图会出现清晰的干涉条纹，这是无界水域中所没有的现象。通过该算例，也展示了建立海洋水声信道环境中的任意三维弹性浮体流固耦合振动、声辐射与声传播集成计算方法的重要性。

参 考 文 献

[1] Junger M C, Feit D. Sound, Structures, and Their Interaction[M]. 2nd ed. Cambridge, Massachusetts: The MIT Press, 1986.

[2] Skudrzyk E. The Foundations of Acoustics – Basic Mathematics and Basic Acoustics[M]. New York: Springer-Verlag, 1971.

[3] Koopmann G H, Song L, Fahnline J B. A method for computing acoustic fields based on the principle of wave superposition[J]. J. Acoust. Soc. Am., 1989, 86(6): 2433-2438.

[4] Miller R D, Moyer E T, Huang H, et al. A comparison between the boundary element method and the wave superposition approach for the analysis of the scattered fields from rigid bodies and elastic shells[J]. J. Acoust. Soc. Am., 1991, 89(5): 2185-2196.

[5] Jensen F B, Kuperman W A, Porter M B, et al. Computational Ocean Acoustics[M]. 2nd ed. New York: Springer, 2011.

[6] Brekhovskikh L M. Waves in Layered Media[M]. 2nd ed. New York: Academic, 1980.

第5章 海洋水声信道环境中轴对称结构 声辐射计算方法

5.1 概　　述

　　针对海洋水声信道环境中的浮体声辐射计算的问题，论述了一种可以兼顾精度与效率的计算方法。该方法可计及海水声速剖面的影响，并将近、远场作为一个统一的系统进行计算，其核心内容在于：采用波叠加法将声辐射体处理为内部的虚拟点声源集合，以 Green 函数为纽带，在求源强和计算近场声辐射场时采用镜像虚源法，而在计算远场声辐射场时采用简正波方法。

　　基于上述计算实现的思想，本章具体推导了刚性平动球体、双层弹性球壳及任意轴对称结构这三类轴对称模型在海洋水声信道环境中的声辐射计算方法。通过具体的算例结果验证了计算方法的正确性，同时分析了海水声速剖面、海面和海底边界对浮体流固耦合振动、声辐射及声传播的影响规律，给出了一些全新的带有清晰机理的物理图像。

5.2　刚性平动球体声辐射计算方法

　　为便于读者理解，本章首先从刚性平动球这一简单模型入手，论述了其在海洋水声信道环境中的声辐射计算问题。在该问题中球体表面的振动是已知的，因此不涉及流固耦合振动的计算，其核心在于实现海洋水声信道环境中近场声辐射与远场声辐射 (声传播) 的高效集成计算。

　　整个计算是采用 4.3.1 节中所述的波叠加法。将近、远场 (近、远区) 采用不同形式的 Green 函数进行处理，在近场采用镜像虚源法，在远场采用简正波方法，从而使整个计算复杂度大为降低。

5.2.1　近区和远区 Green 函数的计算处理

　　为兼顾计算精度和计算效率，以及计算的可实现性，将声场分成近区和远区 (实际上还存在近区和远区的交界区域，对于该区域的计算不在本书中论述)，在每个区域内选择合适的方法分别计算相应的 Green 函数，如图 5.1 所示。近区采用镜像法计算 Green 函数，其计算公式为 (4.27) 式，即可以得到具有解析形式的偏导数计算公式, 避免了对海洋水声环境中 Green 函数偏导数的复杂计算。简正波方法在计算海洋声学领域已经较为成熟并得到了广泛的应用 [1], 可以很好地处理远区声传播问题。

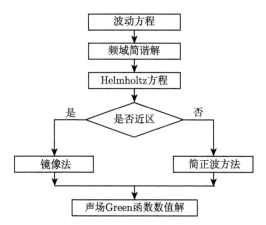

图 5.1 近区和远区 Green 函数计算处理的基本流程

对于近区, 浮体辐射的声波受海水声速剖面变化的影响并不敏感, 可以将海水看成均匀声速剖面 (即海水中的声速不随深度变化)。以 Pekeris 水声波导环境 (即海水和海底均是声速和密度为常数的理想声介质, 见图 5.2) 为例, 验证镜像法 Green 函数的适用性。

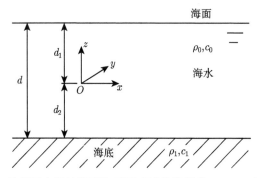

图 5.2 具有压力释放海面和可透声液体海底的 Pekeris 波导环境

如图 5.3 所示, 海水和海底是两层理想声介质, 平面声波入射到海底面上会出现反射和折射, 根据文献 [2], 海底声反射系数为

$$
\gamma = \begin{cases} \dfrac{\alpha\cos\theta - \sqrt{\beta^2 - \sin^2\theta}}{\alpha\cos\theta + \sqrt{\beta^2 - \sin^2\theta}}, & |\sin\theta| < \beta \\ 1, & |\sin\theta| \geqslant \beta \end{cases} \tag{5.1}
$$

式中，$\alpha = \rho_1/\rho_0$，$\beta = c_0/c_1$。当 $|\sin\theta| \geqslant \beta$ 时，$\gamma = 1$，发生全反射。

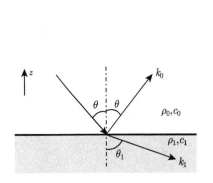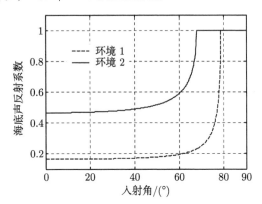

图 5.3　平面声波在海底边界上的反射及声反射系数随入射角的变化

　　根据表 5.1 中所示的 "环境 1" 和 "环境 2" 的海底参数，计算平面波在不同入射角下的声反射系数，结果如图 5.3 所示。可见：入射角在 0°~50° 的范围内，海底声反射系数可近似看成一常数 (实际海底的垂直入射声反射系数多数在 0.1~0.6 的范围内)。

表 5.1　计算海底声反射系数采用的环境参数

参数		环境 1	环境 2
海水	ρ_0	1025kg/m^3	
	c_0	1500m/s	
海底	ρ_1	1400kg/m^3	2600kg/m^3
	c_1	1530m/s	1620m/s

　　可以想到：当位于 (x_0, y_0, z_0) 处的点声源通过海底一次反射传播到场点 (x, y, z) 处的入射角小于 $50°$，即 $s/(2d_2 + z_0 + z) < 1.19$ 时，可将海底的声反射系数看成常数，其中 $s = \sqrt{(x-x_0)^2 + (y-y_0)^2}$。海面的声反射系数也是常数，此时可以得到一个由不断反射形成的虚源链，如图 5.4 所示。由此可得到一个简化的级数求和形式的 Green 函数，即 (4.27) 式。当场点和源点的位置满足 $s/(2d_2 + z_0 + z) < 1.19$ 条件时，该 Green 函数公式具有较好的适用性。显然，在离浮体较近的区域内，一般情况下，该条件总会成立或近似成立。

　　当 $\theta < 50°$，采用 (4.27) 式计算场点与源点不同距离时，Green 函数的直达波部分与海底、海面反射波部分，观察两者的大小比例。计算参数：表 5.1 中的 "环境 2" 参数，水深 $d = 60$m，源点和场点与海面距离均为 30m，频率为 30Hz 和 150Hz。计算结果如图 5.5 所示，可见：当场点离源点较近时，Green 函数中的直达波部分起主要贡献；随着两点距离的增大，反射波贡献的比例不断加大。

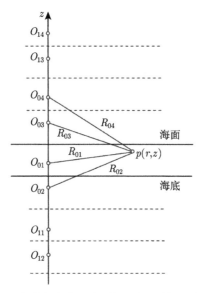

图 5.4　由声波在海底和海面间不断反射形成的虚源链

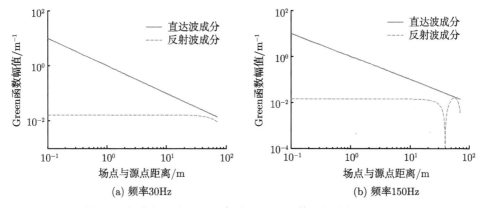

(a) 频率30Hz　　　　　　　　　　　　　(b) 频率150Hz

图 5.5　场点与源点不同距离时 Green 函数两部分的贡献比对

　　由于海水声速剖面的影响，且在远场时海底的声反射系数不能视为一个常数，海洋水声信道环境下远场 Green 函数的求解是远区辐射声场计算的关键。此处采用简正波方法进行计算，该方法在远场 Green 函数的求解中具有快速、准确、高效的特点。其计算量与距离无关，且能够直接得到整个声场的空间分布。为便于全章的阅读和理解，本小节对简正波方法作简单的介绍说明。

　　对于一般的声速剖面，简正波方法通常无法获得解析解，只能通过数值方法求得相应的 Green 函数。本章采用基于有限差分法的简正波方法得到远场 Green 函数的数值解。其整个海水水层 $(-d_2 \leqslant z \leqslant d_1)$ 沿深度方向等分为 N 层，从而得到 $N+1$

个沿深度方向从海面到海底的网格点的 z 坐标为 $z_{sj} = d_1 - jh$ $(j = 0, 1, \cdots, N)$, h 为层厚 (要求 $h = d/N$ 小于十分之一声波波长); 令简正模式关于深度的特征函数为 $\psi(z)$, 则每个网格点处的特征函数值记为 $\psi_j = \psi(z_{sj})$; 海水密度为常数 ρ_0, 通过标准三点差分公式, 整个声场的特征值问题表达式可以写为

$$\psi_{j-1} + \left\{ -2 + h^2 \left[\frac{\omega^2}{c_0^2(z_{sj})} - k_s^2 \right] \right\} \psi_j + \psi_{j+1} = 0, \quad j = 1, 2, \cdots, N-1$$

$$\frac{f^{\mathrm{T}}}{g^{\mathrm{T}}} \psi_0 + \frac{1}{\rho_0} \left\{ \frac{\psi_1 - \psi_0}{h} + \left[\frac{\omega^2}{c_0^2(z_{s0})} - k_s^2 \right] \psi_0 \frac{h}{2} \right\} = 0 \tag{5.2}$$

$$\frac{f^{\mathrm{B}}}{g^{\mathrm{B}}} \psi_N + \frac{1}{\rho_0} \left\{ \frac{\psi_N - \psi_{N-1}}{h} + \left[\frac{\omega^2}{c_0^2(z_{sN})} - k_s^2 \right] \psi_N \frac{h}{2} \right\} = 0$$

其中, $c_0(z_{sj})$ 为不同深度处的声速值; k_s 为特征值, 同时也是各阶简正模式的水平传播波数; $f^{\mathrm{T,B}}$ 和 $g^{\mathrm{T,B}}$ 为边界阻抗条件; 对于压力释放海面, $f^{\mathrm{T}}/g^{\mathrm{T}}$ 趋向于无穷大; 而对于液态海底, $f^{\mathrm{B}}(k_s^2) = 1$, $g^{\mathrm{B}}(k_s^2) = \rho_1 / \sqrt{k_s^2 - (\omega/c_1)^2}$。

差分公式 (5.2) 可以改写为如下代数特征值问题的形式:

$$\boldsymbol{C}(k_s^2) \boldsymbol{\psi} = 0 \tag{5.3}$$

其中, $\boldsymbol{\psi}$ 为包含元素 $\psi_0, \psi_1, \cdots, \psi_N$ 的列向量, $\boldsymbol{C}$ 为一对称三对角矩阵:

$$\boldsymbol{C} = \begin{bmatrix} b_0 & e_1 & & & & & \\ e_1 & b_1 & e_2 & & & & \\ & e_2 & b_2 & e_3 & & & \\ & & \ddots & \ddots & \ddots & & \\ & & & e_{N-2} & b_{N-2} & e_{N-1} & \\ & & & & e_{N-1} & b_{N-1} & e_N \\ & & & & & e_N & b_N \end{bmatrix} \tag{5.4}$$

其中, 矩阵元素 b_j 和 e_j 定义为

$$b_0 = \frac{-2 + h^2[\omega^2/c_0^2(z_{s0}) - k_s^2]}{2h\rho_0} + \frac{f^{\mathrm{T}}(k_s^2)}{g^{\mathrm{T}}(k_s^2)} \tag{5.5}$$

$$b_j = \frac{-2 + h^2[\omega^2/c_0^2(z_{sj}) - k_s^2]}{2h\rho_0}, \quad j = 1, 2, \cdots, N-1 \tag{5.6}$$

$$b_N = \frac{-2 + h^2[\omega^2/c_0^2(z_{sN}) - k_s^2]}{2h\rho_0} - \frac{f^{\mathrm{B}}(k_s^2)}{g^{\mathrm{B}}(k_s^2)} \tag{5.7}$$

$$e_j = \frac{1}{h\rho_0}, \quad j = 1, 2, \cdots, N \tag{5.8}$$

理想边界条件下 (如自由液面和硬海底)，$f^{\mathrm{T,B}}$、$g^{\mathrm{T,B}}$ 与 k_s 无关，上述问题退化为标准特征值问题，可用一些标准程序来求解。而针对本章所考虑的液态海底，需要合适的方法来提取相应的特征值和特征向量。本章采用较为成熟的 Sturm 方法，结合二分法和反向迭代法求解该特征值问题[3]。该方法具有较高的精度、速度和数值稳定性。

根据水平方向上 (采用 s 表示水平距离) 声波的衰减规律，将所得 M 个特征值 (简正波波数) 及相应归一化的特征函数 (简正模式) 代入下式即可求得 Green 函数[1]：

$$G(\boldsymbol{r}, \boldsymbol{r}_0) = -\frac{\pi\mathrm{i}}{\rho_0} \sum_{m=1}^{M} \psi_m(z_0)\psi_m(z)\mathrm{H}_0^{(2)}(k_{sm}s) \tag{5.9}$$

其中，$\mathrm{H}_0^{(2)}$ 是第二类 0 阶 Hankel 函数，k_{sm} 为第 m 个实数特征值。需要注意的是，上述计算 Green 函数的 (5.9) 式中涉及的 M 个特征值包含了所有特征值问题的实数根，即传播模式，其能量将驻留在海水中。而对应于特征值问题复数根的 "泄漏" 模式，由于能量会辐射进入海底半空间，对整个声场的贡献将随着距离按指数规律减小。因此，在本书的远场 Green 函数计算中将忽略 "泄漏" 模式的影响，仅计及传播模式。按照一般对该问题的认识，在可以认为是远场的一定距离外，与复数根相关的部分对结果的影响不大，可以仅考虑与实数根对应的简正波。例如，比较公认的简正波程序 KRAKEN 编写者 —— Porter[4] 认为在算法中仅考虑简正波的实数根部分在 10 倍水深外是足够精确的，此时本章方法能得到较好的结果。

5.2.2 声辐射计算

坐标系的定义同第 4 章。采用波叠加法进行计算，源点和场点的离散方式同图 4.14。研究以速度 V (略去简谐时间因子 $\mathrm{e}^{\mathrm{i}\omega t}$) 作上下简谐刚体平动的球体，设其半径为 R_1，则球体表面上第 $n_j(1 \leqslant n_j \leqslant N_j)$ 号场点的法向振动速度为

$$V_{n_j} = V\cos[(n_j - 0.5)\pi/N_j] \tag{5.10}$$

流场中的辐射声波速度势可以表示为

$$\phi_1(\boldsymbol{r}) = \sum_{n_j=1}^{N_j} q_{n_j}(\boldsymbol{r}_0)G(\boldsymbol{r}, \boldsymbol{r}_0) \tag{5.11}$$

其中，$q_{n_j}(\boldsymbol{r}_0)$ 为第 n_j 号源点处的待求源强。在球体表面的场点处满足如下边界条件：

$$V_{n_j} = \frac{\partial\phi_1(\boldsymbol{r})}{\partial n(\boldsymbol{r})} = \sum_{n_j=1}^{N_j} q_{n_j}(\boldsymbol{r}_0)\frac{\partial G(\boldsymbol{r}, \boldsymbol{r}_0)}{\partial n(\boldsymbol{r})} \tag{5.12}$$

其中，$\dfrac{\partial G(\boldsymbol{r}, \boldsymbol{r}_0)}{\partial n(\boldsymbol{r})}$ 表示对 Green 函数沿球体表面的法向求偏导数。将 (4.27) 式所示的 Green 函数代入 (5.12) 式可计算出源强 $q_{n_j}(\boldsymbol{r}_0)$。

将计算得到的源强 $q_{n_j}(\boldsymbol{r}_0)$ 及 (5.9) 式所示的简正波 Green 函数代入 (5.11) 式，即可计算出远场的声辐射结果。流场中的声压与声波速度势的换算关系为 $p_1(\boldsymbol{r}) = -\mathrm{i}\omega\rho_0\phi_1(\boldsymbol{r})$。相应的声压级计算公式同 (4.41) 式。

5.2.3　算例考核

下面对近、远场的数值计算结果分别进行考核，将本章方法计算结果与 COMSOL 软件的有限元计算结果进行对比。

首先是近场计算考核，取球体的半径为 $R_1 = 1\mathrm{m}$，球体作简谐刚体平动的速度为 $V = \sqrt{2}\mathrm{m/s}$（即有效值为 $1\mathrm{m/s}$）。水深 $d = 20\mathrm{m}$，球心与海面距离 $d_1 = 5\mathrm{m}$，观察点（即场点）与海面的距离也为 $5\mathrm{m}$，观察点与球心的水平距离为 $2\mathrm{m}$，满足 5.2.1 节中所述的近场判断条件（两者的水平距离 $s < 35.7\mathrm{m}$ 即可）。海水密度为 $\rho_0 = 1025\mathrm{kg/m}^3$，海水声速 $c_0 = c_0(z)$，海底的密度 $\rho_1 = 2600\mathrm{kg/m}^3$，海底的声速 $c_1 = 1620\mathrm{m/s}$。考虑海水声速随深度变化，即 $c_0 = c_0(z)$ 为 z 的函数。作为对比的 COMSOL 计算中考虑了声速剖面为负梯度，具体为：海面边界处声速为 $1512\mathrm{m/s}$，海底边界处声速为 $1504\mathrm{m/s}$，中间区域声速线性分布（球心深度 $5\mathrm{m}$ 处的声速为 $1510\mathrm{m/s}$），采用二维轴对称模型。本章方法计算近场声压时忽略海水声速剖面而处理为均匀层，采用的是 (4.27) 式所示的 Green 函数；取海水声速为 $c_0 = 1510\mathrm{m/s}$，海底声反射系数按 (5.1) 式计算得 $\gamma = 0.4626$。图 5.6 给出了观察点处由两种方法计算得到的声压级随频率变化的结果。可见：两条曲线几乎完全重合，说明海水声速剖面的变化对球体附近区域的辐射声压没有影响；这也验证了本章所述的近、远场分区计算，其中近场采用镜像法 Green 函数进行计算的设想的正确性。

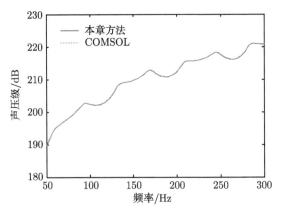

图 5.6　近场观察点处辐射声压级随频率变化的结果比对

下面进行远场情况的计算考核,将观察点与海面的距离调整为 15m,观察点与球心的水平距离调整为 1km,其余参数不变。考虑正梯度、负梯度和负跃层三种海水声速剖面的情况,具体参数如图 5.7 所示。

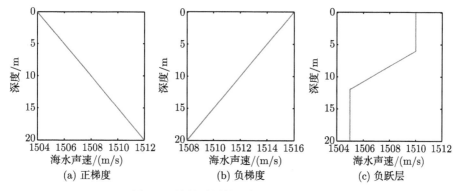

图 5.7 计算采用的三个海水声速剖面

远场观察点处的声压级结果比对如图 5.8 所示,可见:整体上两种方法给出的

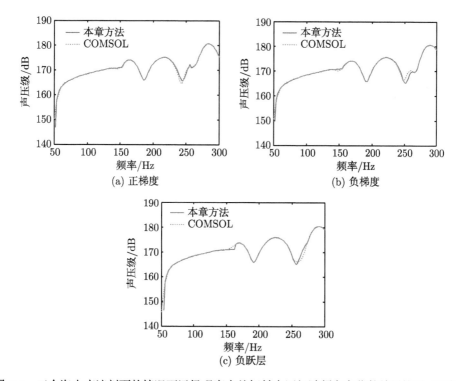

图 5.8 三个海水声速剖面的情况下远场观察点处辐射声压级随频率变化的结果比对 (观察点与球心的水平距离为 1km)

计算结果吻合良好, 验证了本章所述计算方法的正确性。另一方面, 在少数频率点处两种方法给出的计算结果存在小量的差异, 主要原因是: 在本章方法中采用简正波方法计算 Green 函数, 没有计及复数根的 "泄漏" 模式, 在 1km 附近区域, "泄露" 模式还存在小量的影响。之所以观察点与球心的水平距离取为 1km, 而没有取更远的距离, 是由于 COMSOL 软件直接对水域划分有限元, 水域范围越大则计算量越大。有若干相关文献采用了 COMSOL 的二维轴对称模型来求解考虑声速剖面的计算声学问题, 其计算结果的正确性得到了验证。但是受制于有限元方法本身的特点, 采用普通的计算机计算 1km 长度、20m 深度的水域, 在保证足够精度的情况下, 计算一个频率点需要数分钟; 而使用 COMSOL 三维模型计算声学问题更是鲜见报道, 原因在于其计算量庞大 (即使只计算近场小的区域[5])。相比而言, 针对轴对称问题采用本章所述的方法, 在轴线上布置少量的源点即可达到较高的计算精度; 在本算例中, 每个频率点的计算时间仅几秒, 且计算效率不受观察点空间距离的限制。

在上述算例中发现, 当激励频率小于 50Hz 左右时, 本章方法计算得到的远场声压忽略数值误差后均为 0, 这反映了有限水深信道环境中声波传播的低频截止效应 (即没有声波传递到无穷远处)[1]。从简正波方法的角度而言, 在截止频率以下不存在信道中传播的简正波, 即不存在实数根。

将观察点与海面的距离调整为 10m, 观察点与球心的水平距离调整为 800m, 其余参数同上, 采用本章方法计算图 5.7 所示的三个海水声速剖面环境中的声压级, 结果示于图 5.9。可以直观地看出, 不同海水声速剖面的情况下, 远场观察点处声压级随频率变化的曲线存在较明显的差异。

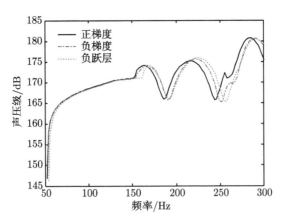

图 5.9   三个海水声速剖面的情况下远场观察点处辐射声压级随频率变化的结果 (本章方法
计算, 观察点与球心的水平距离为 800m)

5.3　双层弹性球壳声辐射计算方法

采用 4.3 节中所述的解析/数值混合方法实现海洋水声信道环境中双层弹性球壳流固耦合振动、声辐射及声传播的集成计算。在计算外球壳与外流场的流固耦合作用及由外球壳振动引起的声辐射时，仍然采用波叠加法进行处理。在波叠加法中仍然采用 5.2 节中所述的近、远场分区的方法计算 Green 函数，即在计算外球壳与外流场的流固耦合作用、源强及近场声辐射时采用 (4.27) 式所示的镜像法 Green 函数，在计算远场声辐射 (声传播) 时采用 (5.9) 式所示的简正波法 Green 函数。与5.2.1 节相同，本节也同样认为浮体近场辐射的声波受海水声速剖面变化的影响并不敏感，当分析外流场与球壳的声弹耦合作用及计算球壳的近场声辐射时，可将海水处理成均匀声速剖面。

本节不再对计算公式进行重新推导，将重点论述算例考核及相关规律分析。对声压级及由辐射声功率换算的声源级的定义分别同 (4.41) 式和 (4.42) 式。本节计算中的坐标系定义同 4.3.1 节，即坐标原点在球心位置。

5.3.1　计算方法和计算程序考核

在本章方法的计算中取波叠加法中的源点数目为 $N_j = 80$，将本章方法计算结果与 COMSOL 有限元软件计算结果相比对，验证本章方法及相应计算程序的正确性。具体的考核算例参数为：内球壳半径 0.5m，内球壳壁厚 0.8mm，外球壳半径0.65m，外球壳壁厚 0.3mm，内外球壳体密度 7800kg/m^3，杨氏模量 2.1×10^{11}N/m^2，泊松比 0.3，结构阻尼损耗因子 0.02；取水深为 20m，双层球壳的球心与海面的距离为 6m(即潜深为 6m)；海底的密度和声速分别为 2600kg/m^3 和 1620m/s；海水的密度为 1025kg/m^3，取如图 5.10 所示的正梯度 (声速范围为 1507~1517m/s) 和负梯度 (声速范围为 1513~1503m/s) 两种声速剖面参数。下面的计算均是在内球壳底部作用一个单位有效值 (即幅值为 $\sqrt{2}$N) 法向简谐集中激励力。根据所选择的海水和海底参数，在近场采用 (4.27) 式计算 Green 函数时，取海底的声反射系数$\gamma = 0.4626$，该取值的具体计算方法参见 5.2.1 节。

根据双层球壳的轴对称性，采用 COMSOL 有限元软件进行计算时建立如图 5.11 所示的二维等效平面模型。然而，即使采用二维平面模型，将计算水域的距离只取到 1.25km(实际有效计算区域仅为 1km 左右；在 1km 以外的区域，因截断边界的影响，计算精度会降低；在外边界区域采用完美匹配层 (PML) 进行处理，以减小截断边界的影响)，计算量已相当大，计算速度远低于本章方法。如果COMSOL 有限元软件是建立全三维模型，计算较远距离的声辐射，那么普通的计算机将很难承受这样大的计算量。而在该算例中，采用波叠加法进行计算时只取了

80 个源点,计算效率非常高。

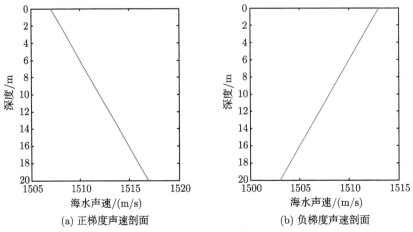

(a) 正梯度声速剖面　　　　　　　　　　(b) 负梯度声速剖面

图 5.10　计算采用的两个海水声速剖面

(a) 整个有限元模型的尺度示意图

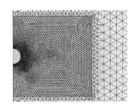

(b) COMSOL软件建立的双层
弹性球壳附近的有限元网格情况

图 5.11　根据模型的轴对称性建立的二维等效平面有限元模型

　　由图 5.12 所示的声压级曲线比对结果及图 5.13 所示的声压级分布云图比对情况来看,两种方法给出的计算结果整体上吻合良好,验证了本章所述计算方法的正确性。当观察点与球壳的距离较远时,两种方法给出的计算结果之间存在小量的差异,主要是由如下两个原因引起的:① 在本章方法中采用简正波方法计算 Green 函数,没有计及复数根的 “泄漏” 模式,在 1km 附近区域,“泄漏” 模式还存在小量的影响;② 采用 COMSOL 软件计算时,1km 附近的观察点已靠近截断边界,完美匹配层不能完全模拟无限大的无反射边界,会存在一定的计算误差。此外,由图 5.12(a) 可见:三条曲线几乎完全重合,说明海水声速剖面的变化对球壳附近区域的辐射声压没有影响;这也验证了 5.3 节开头处的结论 “当分析外流场与球壳的声弹耦合作用及计算球壳的近场声辐射时,可将海水处理成均匀声速剖面”。由图 5.12(b) 和图 5.13 可见:海水声速剖面不同,辐射到远场的声压分布会存在较明显的差异。这说明,海水声速剖面对较远距离处的辐射声压会存在影响。目前只计算到 1km 远,随着观察点进一步远离球壳,声速剖面对观察点声压的影响会更大。

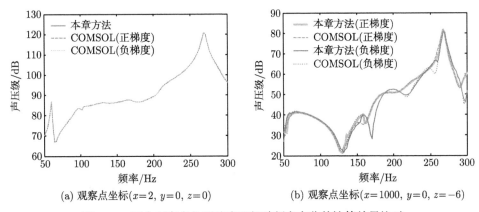

(a) 观察点坐标($x=2$, $y=0$, $z=0$)   (b) 观察点坐标($x=1000$, $y=0$, $z=-6$)

图 5.12   两个观察点位置处声压级随频率变化的计算结果比对

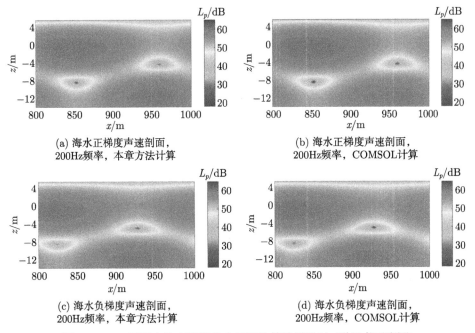

(a) 海水正梯度声速剖面,
200Hz频率,本章方法计算

(b) 海水正梯度声速剖面,
200Hz频率,COMSOL计算

(c) 海水负梯度声速剖面,
200Hz频率,本章方法计算

(d) 海水负梯度声速剖面,
200Hz频率,COMSOL计算

图 5.13 xz 平面内的声压级分布云图计算结果比对 (详见书后彩图)

从图 5.13 所示的结果还可以看到:由于海面和海底边界的声反射作用,辐射声场分布云图具有较清晰的干涉现象,每张云图中都具有两个声压级暗点区;

图 5.13(c) 和 (d) 的结果相对于图 5.13(a) 和 (b) 的结果存在一个沿 x 方向的整体平移现象, 该现象正是由声速剖面的不同所引起的。

5.3.2　海洋水声信道环境中双层弹性球壳声辐射计算分析

下面采用本章所述的解析/数值混合方法开展计算分析, 具体分析不同潜深状态与不同海底介质参数对双层弹性球壳声辐射的影响。需要特别注意的是, 坐标原点均取在球心位置。

1. 固定水深、不同潜深状态下双层球壳声辐射计算分析

水深固定为 20m, 取 10m 和 14m 两种潜深 (球心与海面的距离) 状态进行计算, 其余参数同 5.3.1 节。由图 5.14 所示的结果可见, 潜深不同, 观察点声压级也会存在差异, 频率越低, 差异越大。直观上可以想象: 海底和海面声反射的影响, 会带来声波的干涉现象, 远处观察点的声压级曲线会随频率变化而起伏波动。但是图 5.14(b) 中的 "潜深 14m (正梯度)" 和 "潜深 14m (负梯度)" 两条曲线结果与该直观想象不同, 即潜深为 14m 时, 对应的声压级曲线在 100Hz 频率以上没有出现起伏波动。我们采用 COMSOL 软件计算了同样的模型, 得到的结果与此相同。这个结果很有意思, 但是作者尚无法解释清楚它的成因机理, 将在后面的工作中作进一步研究。

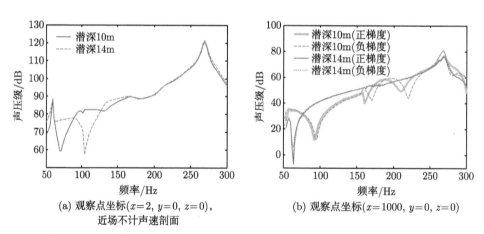

(a) 观察点坐标 $(x=2, y=0, z=0)$, 近场不计声速剖面

(b) 观察点坐标 $(x=1000, y=0, z=0)$

图 5.14　两种潜深状态下的两个观察点位置处的声压级随频率变化的曲线

图 5.15(a) 和 (b) 对应的潜深 10m 状态下的云图结果, 基本规律与图 5.13 类同。而图 5.15(c) 和 (d) 对应的潜深 14m 状态下的云图结果较为特殊, 即不存在明显的由海底和海面声反射引起的声波干涉现象。这与图 5.14(b) 的结果是一致的, 其成因机理还需要进一步研究。

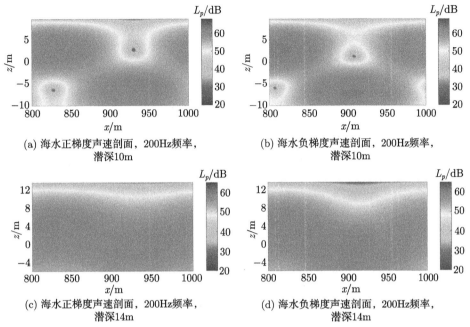

图 5.15 两种潜深状态下 xz 平面内的声压级分布云图计算结果 (详见书后彩图)

2. 不同海底参数情况下双层球壳声辐射计算分析

水深和潜深分别固定为 10m 和 10m,取海底密度和声速分别为 $\rho_1 = 1400\text{kg/m}^3$ 和 $c_1 = 1620\text{m/s}$ (对应的海底声反射系数 $\gamma = 0.1888$)、$\rho_1 = 3000\text{kg/m}^3$ 和 $c_1 = 2050\text{m/s}$ (对应的海底声反射系数 $\gamma = 0.5979$) 的两种情况进行计算,其余参数同 5.3.1 节。由图 5.16 所示的结果可见:远场情况,海底参数的变化对观察点声压级

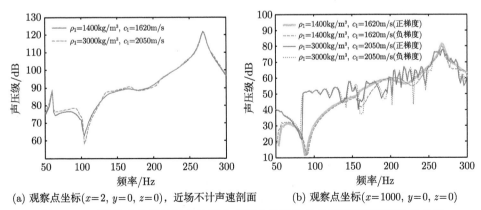

图 5.16 两种海底参数情况下的两个观察点位置处的声压级随频率变化的曲线
(详见书后彩图)

曲线存在显著的影响, 其影响程度超过海水声速剖面; 当海底声反射更强时, 远场声压级曲线随频率的变化波动更加剧烈。

由图 5.17 所示结果可见: 两种海底参数情况下, 声压级分布云图均存在干涉现象; 海水声速剖面对声场的空间分布存在一定影响; 海底声反射越强, 由声波干涉引起的声场波动更加剧烈。

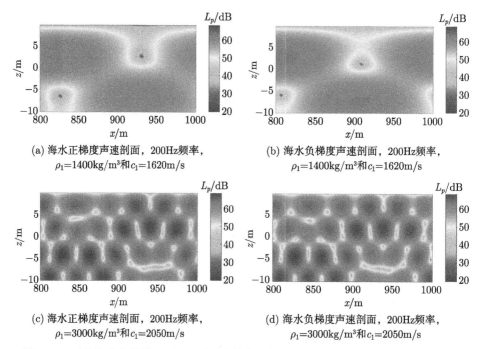

(a) 海水正梯度声速剖面, 200Hz 频率,
$\rho_1=1400\mathrm{kg/m^3}$ 和 $c_1=1620\mathrm{m/s}$

(b) 海水负梯度声速剖面, 200Hz 频率,
$\rho_1=1400\mathrm{kg/m^3}$ 和 $c_1=1620\mathrm{m/s}$

(c) 海水正梯度声速剖面, 200Hz 频率,
$\rho_1=3000\mathrm{kg/m^3}$ 和 $c_1=2050\mathrm{m/s}$

(d) 海水负梯度声速剖面, 200Hz 频率,
$\rho_1=3000\mathrm{kg/m^3}$ 和 $c_1=2050\mathrm{m/s}$

图 5.17　两种海底参数情况下 xz 平面内的声压级分布云图计算结果 (详见书后彩图)

5.4　任意轴对称结构声辐射计算方法

在 4.3 节和 5.3 节中采用波叠加法处理外流场与结构的流固耦合作用及计算水中声辐射。对于轴对称问题, 可以将波叠加法中的源点只布置在结构内部的中轴线上, 使得计算量显著降低。该处理方法可以推广应用于海洋水声信道环境中任意轴对称结构的声辐射计算, 此时要求海洋水声信道环境模型也具有轴对称的特点, 即海底是平坦的, 海水声速只沿深度方向变化, 不沿水平方向变化。

在 4.3 节和 5.3 节中处理弹性球壳的振动是采用模态叠加的方式, 模态的振型位移采用解析公式描述。对于任意轴对称结构的振动自然也可以采用模态叠加法进行处理, 其模态 (含振型位移和固有频率) 可以通过有限元方法求解得到。

5.4.1 结构动力学方程

严格来说, 由于在中低频域附连水质量与频率相关, 在实数空间内不存在浮体结构的正交湿模态。故在传统的水弹性力学理论中, 不采用湿模态作为分析的广义基函数, 而是选用易于求解且具有正交完备性的干模态 (结构在真空中的模态) 作为广义基函数。本章延续了该传统。

浮体结构在内外激励下作微幅振动和变形假定的条件下, 将连续结构处理成具有有限个离散自由度的系统 (可采用有限元等数值方法得到), 其动力学基本方程可表示为

$$[M_s]\{\ddot{U}(t)\} + [C_s]\{\dot{U}(t)\} + [K_s]\{U(t)\} = \{F_e(t)\} + \{F_p(t)\} \tag{5.13}$$

其中, $[M_s]$、$[C_s]$、$[K_s]$ 分别为空气中干结构的质量矩阵、阻尼矩阵和刚度矩阵; $\{U(t)\}$、$\{\dot{U}(t)\}$ 和 $\{\ddot{U}(t)\}$ 为结构离散节点的位移、速度和加速度列向量, t 为时间; $\{F_e(t)\}$ 为等效到结构离散节点上的非声介质流场外激励力列向量, 包括机械激励力或诸如系泊力等其他激励力; $\{F_p(t)\}$ 为由声介质流场作用于浮体的动态力列向量。当涉及湍流、空化等引起的流体脉动压力激励浮体振动的问题时, 由于本章的理论未涉及流体黏性边界层效应及两相流效应, 如不考虑此类流体脉动与浮体弹性振动的耦合作用, 在获取了这类激励的压力信息 (如通过测量) 后, 作为一阶近似, 可将其作为已知输入量归入 $\{F_e(t)\}$ 中, 以分析由它们引起的结构响应。

假定无外激励力, 且忽略结构阻尼, 由 (5.13) 式的齐次方程, 可以求解得到浮体结构离散系统的干模态 (包括固有频率和振型)。采用模态叠加法求解结构系统的动响应特性, 满足模态叠加的收敛精度要求, 截取有限阶 (设为 m 阶) 刚体运动和弹性模态, 对应的模态位移矩阵为

$$[D] = [\{D_1\}, \{D_2\}, \cdots, \{D_r\}, \cdots, \{D_m\}] \tag{5.14}$$

其中, $\{D_r\}(r = 1, 2, \cdots, m)$ 为第 r 阶模态对应的振型位移列向量, 相应的固有角频率定义为 ω_r。

由模态叠加法, 浮体结构离散系统的节点位移可表示为

$$\{U(t)\} = [D]\{q(t)\} = \sum_{r=1}^{m} \{D_r\}q_r(t) \tag{5.15}$$

式中, $\{q(t)\}$、$q_r(t)$ 分别为广义主坐标列向量及第 r 阶干模态的主坐标分量。

浮体结构上任一点的线位移 $\boldsymbol{u} = \{u, v, w\}$ 和角位移 $\boldsymbol{\theta} = \{\theta_x, \theta_y, \theta_z\}$ 及其位移振型 $\boldsymbol{u}_r = \{u_r, v_r, w_r\}$ 和 $\boldsymbol{\theta}_r = \{\theta_{xr}, \theta_{yr}, \theta_{zr}\}$ 同样可用模态展开法分别表示为

$$\boldsymbol{u} = \sum_{r=1}^{m} \boldsymbol{u}_r q_r(t) \tag{5.16}$$

$$\boldsymbol{\theta} = \sum_{r=1}^{m} \boldsymbol{\theta}_r q_r(t) \tag{5.17}$$

在 (5.13) 式两端左乘矩阵 $[D]^{\mathrm{T}}$ (上标 "T" 表示矩阵转置), 并将 (5.15) 式代入 (5.13) 式, 得到结构离散系统的主坐标运动方程为

$$[a]\{\ddot{q}(t)\} + [b]\{\dot{q}(t)\} + [c]\{q(t)\} = \{f_e(t)\} + \{f_p(t)\} \tag{5.18}$$

其中,

$$\begin{cases} [a] = [D]^{\mathrm{T}}[M_s][D] \\ [b] = [D]^{\mathrm{T}}[C_s][D] \\ [c] = [D]^{\mathrm{T}}[K_s][D] \\ \{f_e(t)\} = [D]^{\mathrm{T}}\{F_e(t)\} \\ \{f_p(t)\} = [D]^{\mathrm{T}}\{F_p(t)\} \end{cases} \tag{5.19}$$

式中, $[a]$、$[b]$、$[c]$ 分别为结构干模态广义质量矩阵、广义阻尼矩阵和广义刚度矩阵; $\{f_e\}$、$\{f_p\}$ 分别为非声介质流场外激励力 $\{F_e(t)\}$ 对应的广义力列向量、湿表面上声介质流场作用力 $\{F_p(t)\}$ 对应的广义水动力列向量。

5.4.2　流固耦合与声辐射计算

采用波叠加法求解浮体结构与外流场的流固耦合作用及外流场的声辐射。考虑关于 z 轴对称的三维结构, 其所受的非声介质流场外激励力也关于 z 轴对称; 因此, 三维模型可以简化为二维轴对称模型, 波叠加法中的源点布置在浮体内部的轴线上, 如图 5.18 所示。

外流场中 (水域中) 总的辐射声波速度势可以表示为各阶模态辐射声波速度势的线性叠加 [6]:

$$\Phi(x, y, z, t) = \sum_{r=1}^{m} \phi_r(x, y, z, t) \tag{5.20}$$

其中, $\phi_r(x, y, z, t)$ 为浮体受外激励产生动响应时, 引起的第 r 阶模态辐射声波速度势分量。

流场中的速度可表示为

$$\boldsymbol{v} = \nabla \Phi \tag{5.21}$$

式中, $\nabla = \dfrac{\partial}{\partial x}\boldsymbol{i} + \dfrac{\partial}{\partial y}\boldsymbol{j} + \dfrac{\partial}{\partial z}\boldsymbol{k}$ 为 Hamilton 微分算子, $\boldsymbol{i}$、$\boldsymbol{j}$、$\boldsymbol{k}$ 分别为沿平衡坐标系 x、y、z 三个坐标轴的单位矢量。

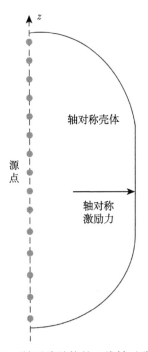

图 5.18 关于 z 轴对称结构的二维轴对称模型示意图

水中的声压可以表示为

$$p(x, y, z, t) = -\rho_0 \frac{\partial \Phi}{\partial t} \tag{5.22}$$

其中，ρ_0 为水的密度。

在频域内进行分析，取简谐时间因子为 $\mathrm{e}^{\mathrm{i}\omega t}$，$\omega$ 为角频率，各阶模态对应的辐射波速度势可表示为

$$\phi_r(x, y, z, t) = \phi_r(x, y, z)q_r(t) = \phi_r(x, y, z)q_r(\omega)\mathrm{e}^{\mathrm{i}\omega t} \tag{5.23}$$

其中，$\phi_r(x, y, z)$ 为浮体以第 r 阶模态振型位移振动时引起的辐射声波速度势，$q_r(\omega)$ 为频域内的第 r 阶模态的主坐标位移。

基于波叠加法，由浮体结构的第 r 阶模态振型引起的外流场辐射声波速度势可表达为

$$\phi_r(\boldsymbol{r}) = \sum_{j=1}^{N_s} \sigma_{rj}(\boldsymbol{r}_0)G(\boldsymbol{r}, \boldsymbol{r}_0) \tag{5.24}$$

其中，$\boldsymbol{r} = (x, y, z)$ 表示场点，$\boldsymbol{r}_0 = (x_0, y_0, z_0)$ 表示位于轴线上的源点，N_s 为轴线上分布的源点的数目，$\sigma_{rj}(\boldsymbol{r}_0)$ 为对应第 r 阶模态振型的第 j 号源点处的待

求源强，$G(\boldsymbol{r}, \boldsymbol{r}_0)$ 是与浮体所处的水声传播环境相适应的频域 Green 函数 (对应 (x_0, y_0, z_0) 处的单极子点声源在该水声环境中的声传播模型)。

由 (5.21) 式，可得浮体湿表面上满足的流固耦合边界条件为

$$\mathrm{i}\omega \boldsymbol{u}_r \cdot \boldsymbol{n} = \frac{\partial \phi_r(\boldsymbol{r})}{\partial n(\boldsymbol{r})} = \sum_{j=1}^{N_s} \sigma_{rj}(\boldsymbol{r}_0) \frac{\partial G(\boldsymbol{r}, \boldsymbol{r}_0)}{\partial n(\boldsymbol{r})} \tag{5.25}$$

其中，$\boldsymbol{u}_r$ 为对应第 r 阶模态的浮体湿表面上的线位移振型向量，$\boldsymbol{n}$ 为浮体湿表面上指向外流场的单位法向矢量。

对于每一阶模态，由 (5.25) 式可形成一个矩阵方程求解出源强 $\sigma_{rj}(\boldsymbol{r}_0)$。在具体离散求解时，需要在浮体湿表面的母线上布设场点。源点和场点的数目分别为 N_s 和 N_f，且 $N_s \leqslant N_f$，如图 5.19 所示。出于避免插值计算的考虑，可将场点的位置选取为与有限元计算模态的网格节点位置相重合。参照图 4.14，此处轴线上第 j $(1 \leqslant j \leqslant N_s)$ 号源点的 x 和 y 坐标均为 0，其 z 坐标可取为

$$z_{0j} = 0.4L \left(1 - \frac{2j-1}{N_s} \right) \tag{5.26}$$

式中，L 为轴对称结构的高度。

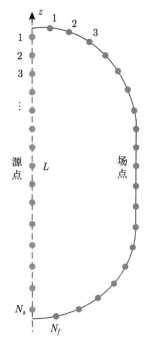

图 5.19　源点与场点的分布示意图

当 $N_s < N_f$ 时, 由 (5.25) 式表示的方程组将是一个超定方程, 因此, 需采用最小二乘法进行求解。同时在具体的数值算例中也发现, 使场点数大于源点数, 通过最小二乘法进行求解有助于提高计算结果的稳定性。

(5.18) 式中右端的 $\{f_p\}$ 为外流场中的声波压强作用在浮体湿表面上引起的模态广义力列向量, 其第 r 阶广义力的表达式为 [6]

$$f_{pr} = \sum_{j=1}^{N_f} (\boldsymbol{n} \cdot \boldsymbol{u}_r) \left(\rho_0 \frac{\partial \Phi}{\partial t} \right) \Delta S_j \tag{5.27}$$

其中, ΔS_j 为第 j 号场点对应的浮体湿表面面积, 具体的计算方法可参考 (4.40) 式。

将 (5.20) 式代入 (5.27) 式, 在频域内可表示为

$$f_{pr} = \sum_{k=1}^{m} q_k T_{rk} \mathrm{e}^{\mathrm{i}\omega t} \tag{5.28}$$

其中,

$$T_{rk} = \omega^2 A_{rk} - \mathrm{i}\omega B_{rk} \tag{5.29}$$

$$A_{rk} = \frac{\rho_0}{\omega^2} \mathrm{Re} \left[\sum_{j=1}^{N_f} (\boldsymbol{n} \cdot \boldsymbol{u}_r)(\mathrm{i}\omega\varphi_k)\Delta S_j \right] \tag{5.30}$$

$$B_{rk} = -\frac{\rho_0}{\omega} \mathrm{Im} \left[\sum_{j=1}^{N_f} (\boldsymbol{n} \cdot \boldsymbol{u}_r)(\mathrm{i}\omega\varphi_k)\Delta S_j \right] \tag{5.31}$$

式中, Re( ) 和 Im( ) 分别表示取一个复数的实部和虚部; A_{rk} 和 B_{rk} 分别是水弹性力学中所说的流体作用在结构上的附连水质量和附连水阻尼 [7]; $r = 1, 2, \cdots, m$ 和 $k = 1, 2, \cdots, m$。

将 (5.28) 式代入 (5.18) 式可得频域内的浮体声弹耦合动力学方程:

$$-\omega^2 \left([a] + [A] \right) \{q\} + \mathrm{i}\omega \left([b] + [B] \right) \{q\} + [c]\{q\} = \{f_e(\omega)\} \tag{5.32}$$

式中, $[A]$ 是干模态附连水质量矩阵, 其元素由 (5.30) 式计算得到; $[B]$ 是干模态附连水阻尼矩阵, 其元素由 (5.31) 式计算得到; $\{f_e(\omega)\}$ 为机械外激励力引起的广义力列向量。

根据模态叠加原理, 由 (5.32) 式求出各阶干模态主坐标响应 $q_r (r = 1, 2, \cdots, m)$ 后, 代入 (5.15) 式可求得浮体结构振动响应:

$$\{U\} = \sum_{r=1}^{m} \{D_r\} q_r \tag{5.33}$$

依据每一阶干模态振型, 由离散化后的波叠加法方程 (5.25), 求出对应干模态振型的每个源点处的源强 $\sigma_{rj}(r_0)$; 将该源强结果代入 (5.24) 式, 并乘以对应的干模态主坐标响应 $q_r(r = 1, 2, \cdots, m)$, 得到每一阶干模态的辐射势 $\phi_r(x, y, z)q_r(r = 1, 2, \cdots, m)$; 从而可得出由浮体振动诱导的频域内的辐射声波速度势:

$$\Phi(x, y, z) = \sum_{r=1}^{m} \phi_r(x, y, z)q_r \tag{5.34}$$

流场中的辐射声压与辐射声波速度势 $\Phi(x, y, z)$ 对应, 结合 (5.22) 式可得频域内的辐射声压计算式:

$$p(x, y, z) = -\mathrm{i}\omega\rho_0\Phi(x, y, z) = -\mathrm{i}\omega\rho_0\sum_{r=1}^{m} \phi_r(x, y, z)q_r \tag{5.35}$$

水中辐射声功率的计算公式为 [6]

$$P_s(\omega) = \frac{1}{2}\mathrm{Re}\left\{\sum_{k=1}^{m}\sum_{r=1}^{m} \mathrm{i}\omega q_r B_{rk}(\mathrm{i}\omega q_k)^*\right\} \tag{5.36}$$

其中, 上标 "*" 表示取共轭。

关于声压级与声源级的计算定义同 4.3.2 节。特别需要说明的是: 本节中对 Green 函数的处理方法与 5.2 节相同, 即求解源强和计算近场声辐射时采用镜像法 Green 函数, 计算远场声辐射 (声传播) 时采用简正波法 Green 函数。

5.4.3 算例考核

1. 近场声辐射计算考核

首先采用单层弹性球壳的算例对计算方法和计算程序进行考核, 首先通过 ABAQUS 软件建立弹性球壳的二维轴对称有限元模型计算弹性球壳的干模态, 再以此为输入计算流固耦合振动响应及其水中声辐射。取弹性球壳的计算参数为: 半径 0.5m, 厚度 0.9mm, 密度 7800kg/m^3, 杨氏模量 2.1×10^{11}N/m^2, 泊松比 0.3, 结构阻尼损耗因子 0.02。如图 5.20 所示, 在球壳的底部作用幅值为 $\sqrt{2}$N(有效值为 1N) 的法向简谐集中力。计算选取的有限水深环境为: 水深 20m, 海水密度 1025kg/m^3, 海水声速 1510m/s, 海底密度 2600kg/m^3, 海底声速 1620m/s; 取海底的声反射系数 $\delta = 0.4626$, 该取值的具体计算方法参见 5.2.1 节。球心与水面的距离为 5m(即潜深为 5m)。

在干结构轴对称有限元模型中采用的是线性单元, 节点总数为 1001。在波叠加法中取源点数为 100, 球壳湿表面母线上的场点数为 500。采用有限元方法计算球壳的干模态, 必然存在一定的数值误差, 这个数值误差会映射到波叠加法中的源强计算结果; 这个数值误差会影响其水中声辐射计算结果, 特别是采用简正波方法计算远场声辐射时, 声压级结果将出现严重的失真。实际上, 这是由 (5.25) 式中的 $\dfrac{\partial G(\boldsymbol{r}, \boldsymbol{r}_0)}{\partial n(\boldsymbol{r})}$ 矩阵病态或接近病态引起的; 通过使场点数大于源点数 (即 $N_f > N_s$), 采用最小二乘法求解有助于改善矩阵的病态性; 此外还有专门的矩阵处理方法可更好地改善其病态性, 下文中有展开说明。

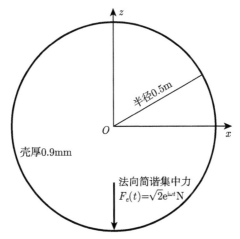

图 5.20 球壳计算模型示意图 (坐标原点在球心处)

与 5.3.1 节相同, 采用 COMSOL 软件建立相应的轴对称有限元计算模型 (球壳和水域均采用有限元处理), 计算弹性球壳的水中声辐射, 与本章方法 (即有限元/波叠加组合方法) 进行比对。选取观察点的坐标为 $(0,0,-3)$, 即观察点在球心的正下方 3m 处, 相应的声压级计算结果见图 5.21。可见: 整体上本章方法计算结

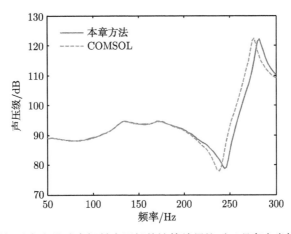

图 5.21 近场观察点处球壳辐射声压级的计算结果比对 (观察点坐标 $(0,0,-3)$)

果与 COMSOL 计算结果吻合良好；在 250~300 Hz 附近，两种方法的结果曲线存在一个频率偏移，这主要是由于两种方法均存在各自的数值离散误差。

图 5.22 给出了 100Hz 频率点处两种方法的近场声压级分布云图计算结果，两者吻合良好。在近场声辐射的计算中，没有引入专门的方法来处理 $\dfrac{\partial G(\boldsymbol{r}, \boldsymbol{r}_0)}{\partial n(\boldsymbol{r})}$ 矩阵病态性问题，这是因为近场声辐射计算是采用解析公式直接计算的镜像法 Green 函数，其对源强数值结果的误差不敏感。

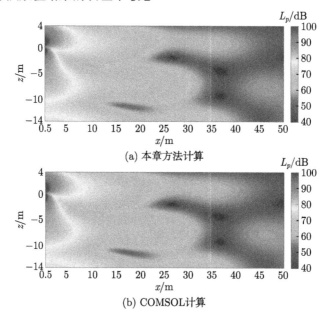

(a) 本章方法计算

(b) COMSOL计算

图 5.22　xz 平面内的球壳近场声压级分布云图计算结果比对 (100Hz 频率) (详见书后彩图)

进一步以图 5.23 所示的弹性椭球壳为考核算例，考虑两种轴对称激励力的工况 (两种激励力分别单独施加)：工况 1 是作用在椭球壳底部的法向简谐点集中力，其有效值为 1N；工况 2 是作用在椭球壳中心所在平面的环状法向简谐线分布力，其单位长度的有效值为 1N/m。椭球壳的长轴半径 0.8m，短轴半径 0.4m，壳体厚度 5mm。其余结构参数、水域环境参数及潜深同上面的球壳算例。在该椭球壳的轴对称有限元干模态计算模型中采用的是线性单元，节点总数为 2601。在波叠加法中取源点数为 100，椭球壳湿表面母线上的场点数为 1300。

对于激励工况 1，选取观察点的坐标为 $(0, 0, -5)$，即观察点在椭球壳中心的正下方 5m 处，相应的声压级计算结果见图 5.24。对于激励工况 2，选取观察点的坐标为 $(6, 0, 0)$，即观察点与椭球壳中心在同一水平面内，与椭球壳中心的水平距离为 6m，相应的声压级计算结果见图 5.25。两种激励工况下，本章方法计算结果与 COMSOL 计算结果均吻合良好，验证了采用本章方法计算近场声辐射的正确性。

在椭球壳的近场声辐射计算中, 也没有引入专门的方法来处理 $\dfrac{\partial G(\boldsymbol{r}, \boldsymbol{r}_0)}{\partial n(\boldsymbol{r})}$ 矩阵病态性问题。

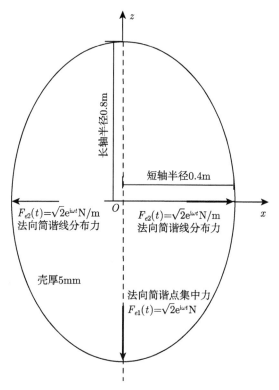

图 5.23　椭球壳计算模型示意图 (坐标原点在椭球壳中心处)

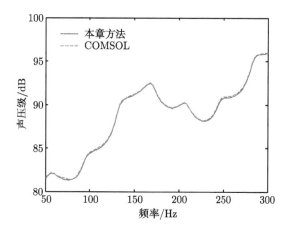

图 5.24　近场观察点处椭球壳辐射声压级的计算结果比对

(激励工况 1, 观察点坐标 $(0, 0, -5)$)

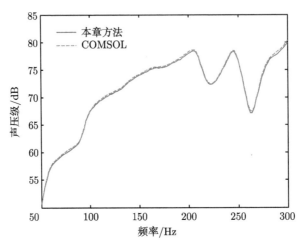

图 5.25　近场观察点处椭球壳辐射声压级的计算结果比对

(激励工况 2, 观察点坐标 (6,0,0))

选取激励频率为 200Hz, 分别计算两种激励工况下的近场声压级分布云图, 结果如图 5.26、图 5.27 所示。可见: 两种方法计算得到的近场声压级分布云图吻合良好。

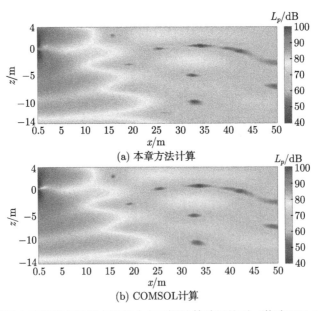

图 5.26　xz 平面内的椭球壳近场声压级分布云图计算结果比对 (激励工况 1, 200Hz 频率)

(详见书后彩图)

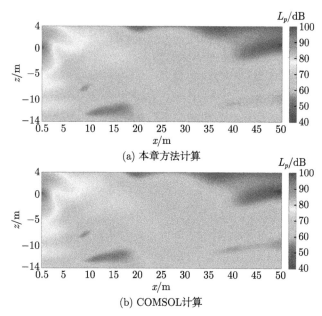

(a) 本章方法计算

(b) COMSOL计算

图 5.27　xz 平面内的椭球壳近场声压级分布云图计算结果比对 (激励工况 2, 200Hz 频率)

(详见书后彩图)

2. 远场声辐射计算考核

在 5.4.3 节第 1 部分中已验证了本章方法可适用于计算任意轴对称结构的近场声辐射, 且即使不引入专门的方法处理矩阵的病态性, 也可以保证较高的计算稳定性。目前仍然需要验证的是, 代入简正波方法 Green 函数计算声波在海洋信道环境中的传播 (远场声辐射) 时, 相应的计算精度和计算稳定性能否得到保证。同样以 5.4.3 节第 1 部分中的球壳和椭球壳作为考核算例, 除均匀层之外, 引入两种海水声速剖面 —— 正梯度海水声速剖面与负跃层海水声速剖面, 如图 5.28 所示。

取球壳和椭球壳的考核计算模型中潜深均为 5m。首先是弹性球壳的算例, 取观察点的坐标为 $(1000, 0, -10)$, 即在水面以下 15m, 与球心的水平距离为 1000m。前面提到结构模态计算的数值误差会映射到波叠加法中的源强计算结果, 从而影响其水中声辐射计算结果, 特别是采用简正波方法计算远场声辐射时, 声压级结果将出现严重的失真。这是由 (5.25) 式中的 $\dfrac{\partial G(\boldsymbol{r}, \boldsymbol{r}_0)}{\partial n(\boldsymbol{r})}$ 矩阵病态或接近病态引起的。本小节将通过引入 Tikhonov 正则化方法来改善矩阵的病态性, 该方法是处理矩阵病态问题的常用方法 [8]。图 5.29 给出了三种海水声速剖面环境中的远场观察点声压级结果。图中 "本章方法 (无正则化)" 是指采用本节所述的有限元/波叠加组合方法进行计算, 但不引入专门的方法来处理矩阵的病态性问题; "本章方法 (Tikhonov 正则化)" 是指采用本节所述的有限元/波叠加组合方法进行计算, 同时引入 Tikhonov 正则化方法来处理矩阵的病态性问题; "COMSOL" 是指采用 COMSOL 有限元软件进行计算。可见: 如不专门处理矩阵的病态性问题, 远场声辐射计算结果会严重失真; 引入 Tikhonov 正则化方法后, 本章方法的计算结果与 COMSOL 软件的计算结果整体吻合良好。"本章方法 (Tikhonov 正则化)" 和 "COMSOL" 两条曲线之间也存在小量的差异, 主要是由如下两个原因引起的: ① 在本章方法中采用简正波方法计算 Green 函数, 没有计及复数根的 "泄漏" 模式, 在 1km 附近区域, "泄

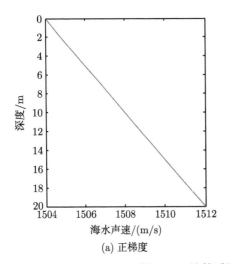

(a) 正梯度

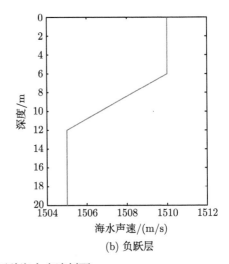

(b) 负跃层

图 5.28　计算采用的两种海水声速剖面

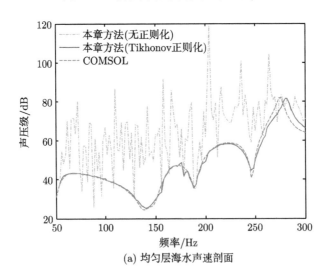

(a) 均匀层海水声速剖面

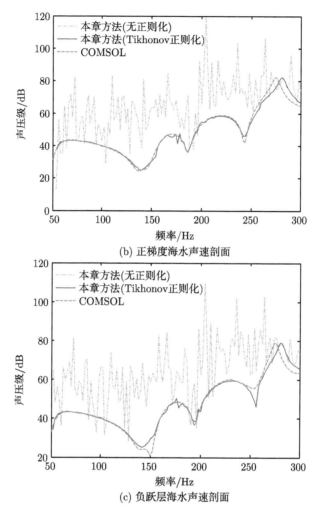

图 5.29 三种海水声速剖面情况下远场观察点处球壳辐射声压级的计算结果比对
(观察点坐标 (1000, 0, −10))

漏" 模式还存在小量的影响;② 采用 COMSOL 软件计算时,1km 附近的场点已靠近截断边界,完美匹配层不能完全模拟无限大的无反射边界,会存在一定的计算误差。此外,引入 Tikhonov 正则化方法后,在个别频率点处矩阵的病态性对计算结果还有小量的影响,如 175Hz 附近。对于如何更好地消除本章方法中所涉及的矩阵病态性问题,后续还可以做进一步的深入研究。

选取激励频率为 200Hz,分别计算两种声速剖面环境中球壳辐射的远场声压级分布云图,结果如图 5.30、图 5.31 所示。可见:两种方法计算得到的远场声压级云图结果吻合良好。

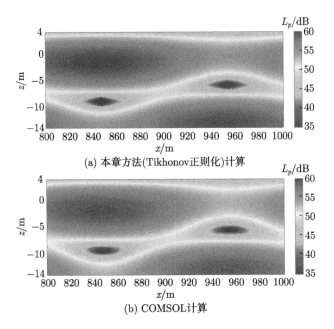

(a) 本章方法(Tikhonov正则化)计算

(b) COMSOL计算

图 5.30　xz 平面内的球壳远场声压级分布云图计算结果比对

(正梯度海水声速剖面，200Hz 频率) (详见书后彩图)

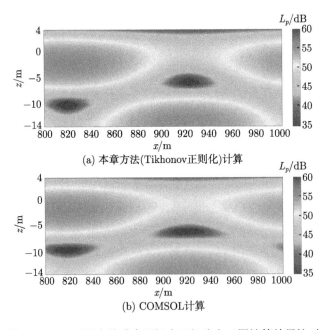

(a) 本章方法(Tikhonov正则化)计算

(b) COMSOL计算

图 5.31　xz 平面内的球壳远场声压级分布云图计算结果比对

(负跃层海水声速剖面，200Hz 频率) (详见书后彩图)

下面采用椭球壳的算例进行考核验证，考虑激励工况 2，取观察点的坐标为 $(900, 0, -7)$，即在水面以下 12m，与椭球壳中心的水平距离为 900m。图 5.32 给出了三种海水声速剖面环境中的远场观察点声压级结果。可见：引入 Tikhonov 正则化方法后，本章方法的计算结果与 COMSOL 软件的计算结果整体吻合良好，两者之间存在小量差异的原因同球壳算例。

选取激励频率为 300Hz，分别计算两种声速剖面环境中椭球壳辐射的远场声压级分布云图，结果如图 5.33 和图 5.34 所示。可见：两种方法计算得到的远场声压级分布云图吻合良好。

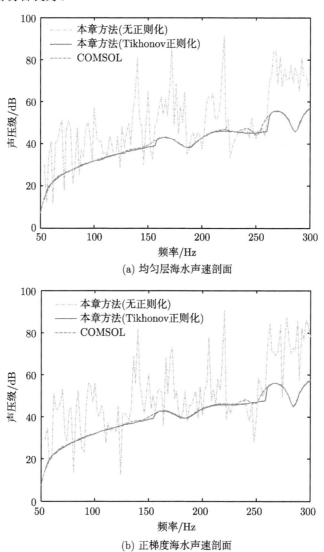

(a) 均匀层海水声速剖面

(b) 正梯度海水声速剖面

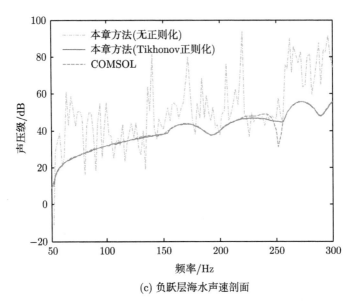

(c) 负跃层海水声速剖面

图 5.32   三种海水声速剖面情况下远场观察点处椭球壳辐射声压级的计算结果比对

(观察点坐标 $(900, 0, -7)$)

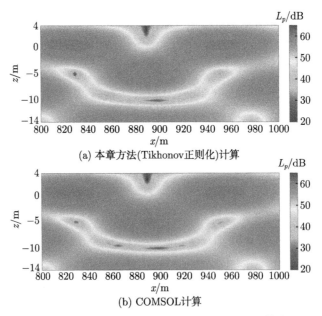

(a) 本章方法(Tikhonov正则化)计算

(b) COMSOL计算

图 5.33 xz 平面内的椭球壳远场声压级分布云图计算结果比对

(正梯度海水声速剖面，300Hz 频率) (详见书后彩图)

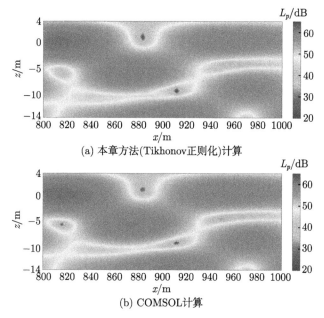

(a) 本章方法(Tikhonov正则化)计算

(b) COMSOL计算

图 5.34 xz 平面内的椭球壳远场声压级分布云图计算结果比对

(负跃层海水声速剖面, 300Hz 频率) (详见书后彩图)

5.5 本 章 小 结

本章论述了基于波叠加法的有限水深环境中刚性球体、双层弹性球壳及任意轴对称结构的声辐射计算方法, 能够计及海水声速剖面和海底声反射的影响。相比于传统的研究, 本章中的方法可以将海洋水声信道环境中结构辐射的近、远处声场作为一个统一的系统进行分析, 特别是在需要计算的水域范围非常广的时候也能给出可靠的结果。本章采用的波叠加法可有效避免奇异积分问题; 求源强时采用了镜像虚源法的 Green 函数, 避免了对 Green 函数偏导数的复杂计算; 镜像虚源法和简正波方法分别应用于近、远场, 使得使得整个计算复杂度大为降低、计算的可实现性大为提高。

本章论述的计算模型也是从简单到复杂, 首先是基于刚性平动球体模型, 然后是基于解析/数值混合方法的双层弹性球壳模型, 最后是基于有限元/波叠加组合方法的任意三维轴对称结构。通过多个声辐射数值算例, 将本章所述方法的计算结果与 COMSOL 有限元软件的计算结果进行比对, 两者吻合良好, 验证了本章所述方法的正确性。相对于有限元方法 (指结构振动与水中声辐射计算均采用有限元进行处理), 本章所述的计算方法具有计算量小、计算效率高的优点。对于需要计算数千米以外的声场结果而言，有限元方法几乎具有无法承受的计算量，而本章所述方法的计算量与计算距离的远近无关。这说明，本章论述的计算方法可为当前人们正在发展的海洋水声信道环境中任意三维弹性浮体流固耦合振动、声辐射与声传播集成数值计算方法及计算程序的考核验证提供尚未有的标准结果。

　　本章针对轴对称模型，将波叠加法中的源点布置在浮体内部的轴线上，此时生成的用于求解源强的 Green 函数偏导数矩阵会存在病态或接近病态的问题。弹性球壳的模态振型是采用解析公式表示的，该矩阵病态带来的计算问题没有显现出来。对于任意轴对称结构，其模态振型采用有限元方法计算得到，有限元计算结构模态存在的数值误差会映射到波叠加法中的源强计算结果；此时，Green 函数偏导数矩阵的病态问题将显现出来，使得最终计算得到的声辐射结果出现失真，特别是简正波方法计算得到的远场声辐射结果将严重失真。解决该问题的方法在于改善 Green 函数偏导数矩阵的病态性；通过具体数值算例的验证，Tikhonov 正则化方法可以有效改善 Green 函数偏导数矩阵的病态性，该问题得到较好的解决。当然，其他改善矩阵病态性的方法也可以应用进来，后续可以从兼顾计算量和计算精度两方面出发，开展进一步的研究和计算试用。

参 考 文 献

[1] Jensen F B, Kuperman W A, Porter M B, e al. Computational Ocean Acoustics[M]. 2nd ed. New York: Springer, 2011.

[2] Brekhovskikh L M. Waves in Layered Media[M]. 2nd ed. New York: Academic, 1980.

[3] Porter M, Reiss E L. A numerical method for ocean-acoustic normal modes[J]. J. Acoust. Soc. Am., 1984, 76(1): 244-252.

[4] Porter M B. The KRAKEN normal mode program[R]. Naval Research Lab Washington DC, 1992.

[5] Jiang L W, Zou M S, Huang H, et al. Integrated calculation method of acoustic radiation and propagation for floating bodies in shallow water[J]. J. Acoust. Soc. Am., 2018, 143(5): EL430-EL436.

[6] 邹明松. 船舶三维声弹性理论 [D]. 中国船舶科学研究中心博士学位论文, 2014.

[7] Wu Y S, Zou M S, Tian C, et al. Theory and applications of coupled fluid-structure interactions of ships in waves and ocean acoustic environment[J]. Journal of Hydrodynamics, 2016, 28(6): 923-936.

[8] Tikhonov A N, Arsenin V Y. Solutions of Ill-posed Problems[M]. New York: Wiley, 1977.

彩　　图

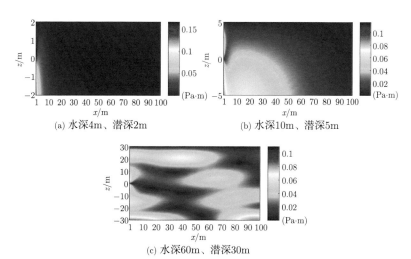

(a) 水深4m、潜深2m

(b) 水深10m、潜深5m

(c) 水深60m、潜深30m

图 4.19　三种水深和潜深状态下的声场分布云图 (频率 50Hz)

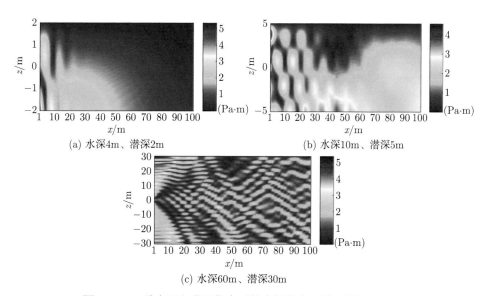

(a) 水深4m、潜深2m

(b) 水深10m、潜深5m

(c) 水深60m、潜深30m

图 4.20　三种水深和潜深状态下的声场分布云图 (频率 300Hz)

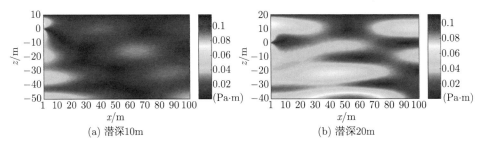

(a) 潜深10m   (b) 潜深20m

图 4.23　水深 60m 不同潜深状态下的声场分布云图 (频率 50Hz)

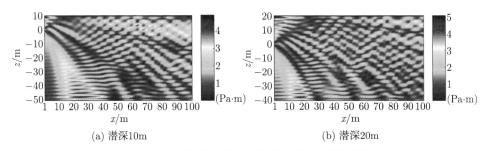

(a) 潜深10m   (b) 潜深20m

图 4.24　水深 60m 不同潜深状态下的声场分布云图 (频率 300Hz)

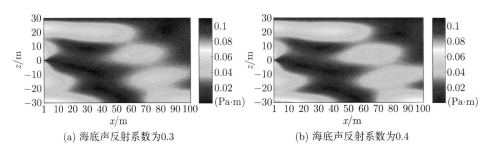

(a) 海底声反射系数为0.3   (b) 海底声反射系数为0.4

图 4.26　水深 60m、潜深 30m 不同海底声反射系数情况下的声场分布云图 (频率 50Hz)

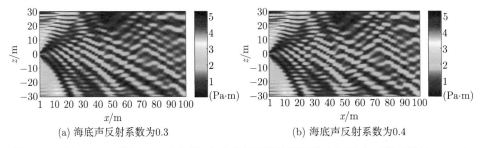

(a) 海底声反射系数为0.3   (b) 海底声反射系数为0.4

图 4.27　水深 60m、潜深 30m 不同海底声反射系数情况下的声场分布云图 (频率 300Hz)

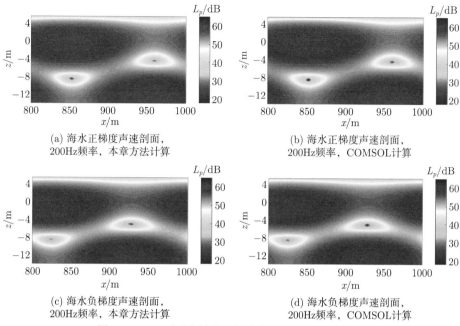

(a) 海水正梯度声速剖面，
200Hz频率，本章方法计算

(b) 海水正梯度声速剖面，
200Hz频率，COMSOL计算

(c) 海水负梯度声速剖面，
200Hz频率，本章方法计算

(d) 海水负梯度声速剖面，
200Hz频率，COMSOL计算

图 5.13 xz 平面内的声压级分布云图计算结果比对

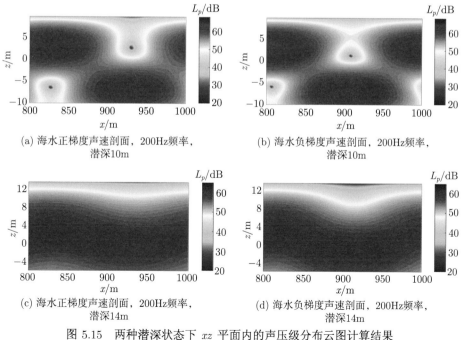

(a) 海水正梯度声速剖面，200Hz频率，
潜深10m

(b) 海水负梯度声速剖面，200Hz频率，
潜深10m

(c) 海水正梯度声速剖面，200Hz频率，
潜深14m

(d) 海水负梯度声速剖面，200Hz频率，
潜深14m

图 5.15   两种潜深状态下 xz 平面内的声压级分布云图计算结果

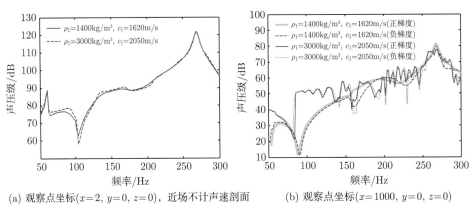

(a) 观察点坐标($x=2$, $y=0$, $z=0$)，近场不计声速剖面   (b) 观察点坐标($x=1000$, $y=0$, $z=0$)

图 5.16　两种海底参数情况下的两个观察点位置处的声压级随频率变化的曲线

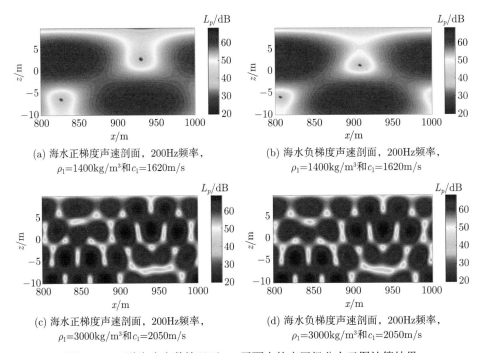

(a) 海水正梯度声速剖面，200Hz频率，
$\rho_1=1400$kg/m³和$c_1=1620$m/s

(b) 海水负梯度声速剖面，200Hz频率，
$\rho_1=1400$kg/m³和$c_1=1620$m/s

(c) 海水正梯度声速剖面，200Hz频率，
$\rho_1=3000$kg/m³和$c_1=2050$m/s

(d) 海水负梯度声速剖面，200Hz频率，
$\rho_1=3000$kg/m³和$c_1=2050$m/s

图 5.17　两种海底参数情况下 xz 平面内的声压级分布云图计算结果

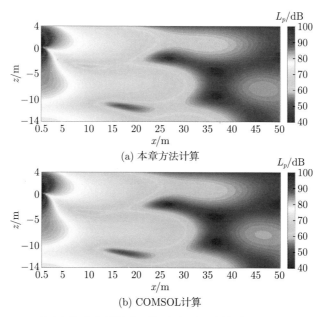

(a) 本章方法计算

(b) COMSOL计算

图 5.22　xz 平面内的球壳近场声压级分布云图计算结果比对 (100Hz 频率)

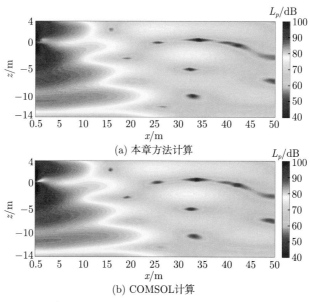

(a) 本章方法计算

(b) COMSOL计算

图 5.26　xz 平面内的椭球壳近场声压级分布云图计算结果比对 (激励工况 1，200Hz 频率)

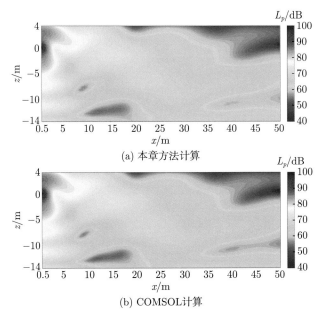

(a) 本章方法计算

(b) COMSOL计算

图 5.27　xz 平面内的椭球壳近场声压级分布云图计算结果比对 (激励工况 2，200Hz 频率)

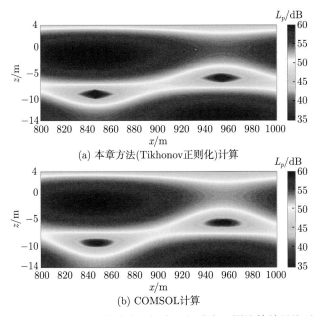

(a) 本章方法(Tikhonov正则化)计算

(b) COMSOL计算

图 5.30　xz 平面内的球壳远场声压级分布云图计算结果比对

(正梯度海水声速剖面，200Hz 频率)

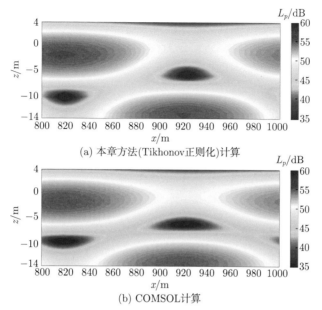

(a) 本章方法(Tikhonov正则化)计算

(b) COMSOL计算

图 5.31　xz 平面内的球壳远场声压级分布云图计算结果比对

(负跃层海水声速剖面，200Hz 频率)

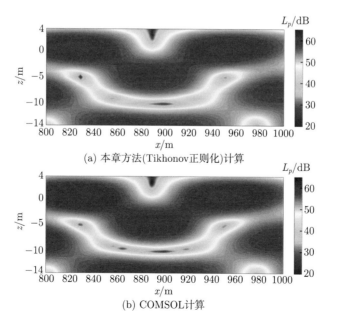

(a) 本章方法(Tikhonov正则化)计算

(b) COMSOL计算

图 5.33　xz 平面内的椭球壳远场声压级分布云图计算结果比对

(正梯度海水声速剖面，300Hz 频率)

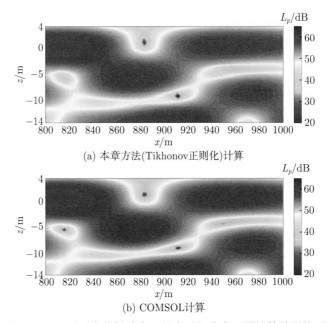

(a) 本章方法(Tikhonov正则化)计算

(b) COMSOL计算

图 5.34 xz 平面内的椭球壳远场声压级分布云图计算结果比对

(负跃层海水声速剖面，300Hz 频率)